普通高等学校“十三五”规划教材

电工与电子技术实验教程

主　编　李　惟
副主编　郭应时

西安电子科技大学出版社

内 容 简 介

本书共4章、7个附录，包含36个实验项目，详细地介绍了国家2015版工科本科实验教学大纲要求的电工与电子技术的相关知识。本书注重理论与实践相结合，以提高学生分析和解决实际问题的能力为目标。

本书深入浅出、层次分明、适用面广，可作为高等学校本科工科电气类，以及机电类、信息类、计算机应用类、管理类、环境工程类、土木工程类、机械类等非电类专业的电工电子实验课程教材，也可以作为电子技术应用人员的参考用书。

图书在版编目(CIP)数据

电工与电子技术实验教程/李惟主编. —西安：西安电子科技大学出版社，2018.6
(2024.12重印)
ISBN 978-7-5606-4931-3

Ⅰ.①电…　Ⅱ.①李…　Ⅲ.①电工技术—实验—高等学校—教材
②电子技术—实验—高等学校—教材　Ⅳ.①TM-33　②TN-33

中国版本图书馆CIP数据核字(2018)第077539号

策划编辑　刘百川
责任编辑　张　倩
出版发行　西安电子科技大学出版社(西安市太白南路2号)
电　　话　(029)88242885　88201467　　邮　　编　710071
网　　址　www.xduph.com　　电子邮箱　xdupfxb001@163.com
经　　销　新华书店
印刷单位　咸阳华盛印务有限责任公司
版　　次　2018年6月第1版　2024年12月第3次印刷
开　　本　787毫米×1092毫米　1/16　印张 11.75
字　　数　277千字
定　　价　27.00元
ISBN 978-7-5606-4931-3

XDUP 5233001-3

前　言

电工与电子技术是目前发展最快的技术领域之一。随着电子技术的不断发展，新知识、新器件在电子领域得到了广泛的应用。本书在保证基本概念、基本原理和基本分析及设计方法的基础上，尽量减少理论分析，加强实践应用，突出应用性、实用性和先进性，做到理论与实践相结合，同时跟踪电子技术的新知识、新器件、新工艺和新技术的应用方向，以加深学生对各个单元电路功能的理解。

本书以分立元器件为基础来设置电子技术类实验题目，重点讲解具有代表性的集成电路使用功能，介绍常用的模拟集成电路和电子器件；根据工科院校本科生的培养特点，进行实验项目在验证性和综合设计性两个层次上的设置，加强实践技能和应用能力的培养，对电气类、非电类专业学生提出不同标准的针对性考核要求，重在培养学生对电路的认知和应用能力。

本书实验内容与课后思考题紧密结合，有助于学生总结内容，拓宽思路，提高分析问题及解决问题的能力。

本书根据国家教育部大类招生目录、长安大学 2016 版本科培养目标、长安大学 2016 版电工电子实验教学大纲基本要求及 2017 年度国家本科教学审核评估反馈意见，结合现代电工与电子技术系列课程的建设实际而编写。全书共分为 4 章，7 个附录，各部分的主要内容如下：

本书前 2 章为电工技术(基础类与专业类)，后 2 章为电子技术(模拟电子与数字电子)，详细地讲解了强弱电两部分实验项目。电工技术基础类实验包括：电路元件伏安特性的测量，基尔霍夫定律及叠加原理实验，戴维南定理及诺顿定理，电压源、电流源及其电源等效变换，*RLC* 串联谐振电路的研究，*R*、*L*、*C* 元件阻抗特性的测定，*RC* 一阶电路的响应测试，日光灯电路及功率因数的提高，三相交流电路电压、电流的测量，三相鼠笼式异步电动机的控制等 10 个项目。电工技术专业类实验包括：电动机及电动机拖动基础认识实验，直流电动机，单相变压器，三相变压器的连接组和不对称短路，直流他励电动机的机械特性，三相异步电动机在三种运行状态下的机械特性，三相鼠笼式异步电动机的工作特性等 7 个项目。模拟电子技术实验包括：仪器使用和元器件识别，单管电压放大电路，多级放大电路，差动放大电路，集成运算放大电路，单相桥式整流、滤波电路，直流稳压电源，可控硅整流电路等 8 个项目。数字电子技术实验包括：集成门电路的逻辑功能测试，组合逻辑电路，触发器，计数器设计与应用，移位寄存器，序列脉冲发生器，555 定时器及其应用，数字时钟的设计，D/A 转换器设计，数字式水位报警器设计，电子密码锁设计等 11 个验证类、综合设计类项目。

7 个附录内容主要包括：常用集成电路芯片管脚排列图，常用仪器仪表的使用方法，长安大学电工电子实验报告格式，长安大学实验成绩登记表，长安大学实验课考核办法，常用电子元器件的识别与检测，理论课程实验教学安排表等。

长安大学电控学院李惟修订编写了本书，长安大学实验管理处郭应时负责全书的校对以及附录的撰写与修订。本书在编写过程中，还得到了长安大学电子与控制工程学院、信息工程学院、建筑工程学院、环境工程学院、公路学院、汽车学院等相关领导和同事的极大关怀、帮助和鼓励，在此向他们一并表示衷心的感谢。

由于编者水平有限，本书定然存在诸多不足和疏漏，恳请广大读者批评指正。

编　者

2018年3月于西安

目　录

第 1 章

电工技术基础类实验

1.1 电路元件伏安特性的测量

一、实验目的

(1) 掌握常用电路元件的识别方法；

(2) 掌握线性电阻、非线性电阻元件伏安特性的逐点测试法；

(3) 掌握常用电工仪表的使用方法。

二、实验原理

任何一个二端元件的伏安特性都可由该元件上的端电压U与通过该元件的电流I之间的函数关系：$I=f(U)$来表示，即用$I-U$平面上的一条曲线来表示。这条曲线称为该元件的伏安特性曲线或外特性曲线。

三、实验仪器设备

直流稳压电源(0～30 V)，直流毫安表，直流电压表，万用表，电工综合实验台。

四、实验内容及步骤

1. 测定线性电阻器的伏安特性

线性电阻器实验电路如图 1.1－1 所示。测量电流与电压的值(电压取值范围为 0～6 V)，并将测量值填入表 1.1－1 中。

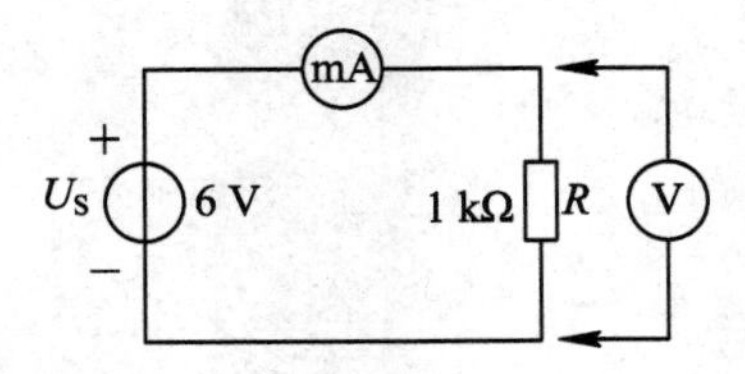

图 1.1－1 线性电阻器

表 1.1－1

U_S/V									
I/mA									

2. 测定非线性电阻器的伏安特性

非线性电阻器实验电路如图 1.1－2 所示。被测元件为白炽灯，测量电流与电压的值(电压取值范围为 0～6V)，并将测量值填入表 1.1－2 中。

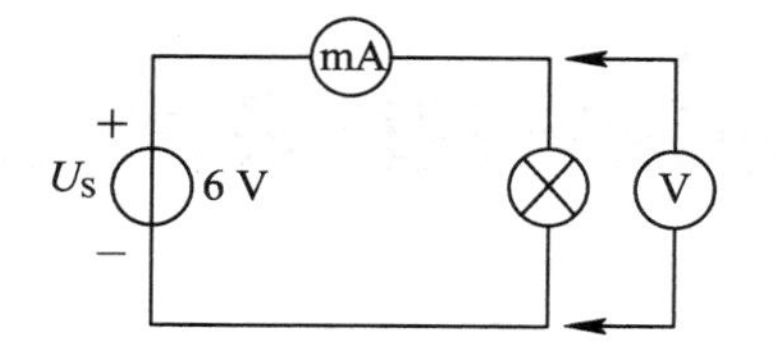

图 1.1－2　非线性电阻器

表 1.1－2

U_S/V									
I/mA									

3. 常规仪器的使用

(1) 电压源的使用及引线方式。

(2) 电压表、电流表、万用表的使用。

五、实验报告

(1) 根据以上实验数据，分别做出线性电阻、非线性电阻的伏安特性曲线。

(2) 根据实验结果，总结、归纳各被测元件的特性。

(3) 分析产生误差的原因。

1. 线性电阻与非线性电阻的伏安特性有何区别？

2. 日常生活中，你还能列举出哪几种非线性电阻的使用实例？

1.2 基尔霍夫定律及叠加原理实验

一、实验目的

（1）验证并掌握基尔霍夫定律；

（2）验证并掌握线性电路叠加原理；

（3）加深对电流、电压参考方向的理解。

二、实验原理

（1）基尔霍夫定律：测量某电路的各支路电流及多个元件两端的电压时，对电路中的任何一个节点而言，应满足 $\sum I=0$；对任何一个闭合回路而言，应满足 $\sum U=0$。

（2）叠加原理：在有多个独立源共同作用的线性电路中，通过每一个元件的电流或其两端的电压，可以看成是由每一个独立源单独作用时在该元件上所产生的电流或电压的代数和。

（3）线性电路的齐次性：在线性电路中，若所有激励信号（独立源的值）都增大或减小同样的倍数，则电路中的响应（即电路中其他各电阻元件上所产生的电流或电压值）也将增大或减小相同的倍数。当激励只有一个时，响应与激励成正比。

线性电路是指完全由线性元件、独立源或线性受控源构成的电路。线性的含义就是指输入与输出之间的关系可以用线性函数表示。

三、实验仪器设备

双路直流稳压电源一台，万用表一块，直流毫安表一块，直流电压表一块，实验线路板一块。

四、实验内容及步骤

实验线路原理图如图 1.2-1 所示。实验板接线图如图 1.2-2 所示。

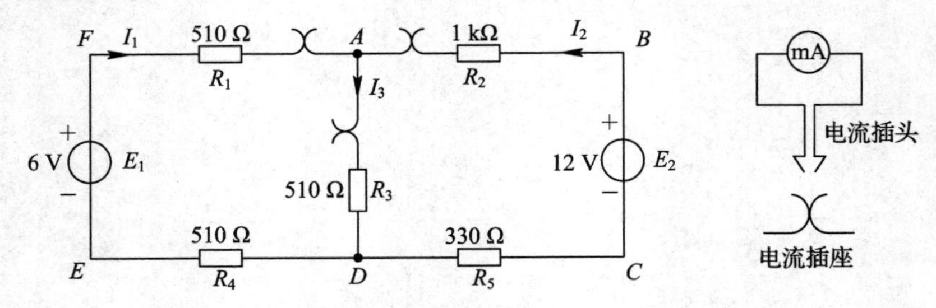

图 1.2-1 实验线路原理图

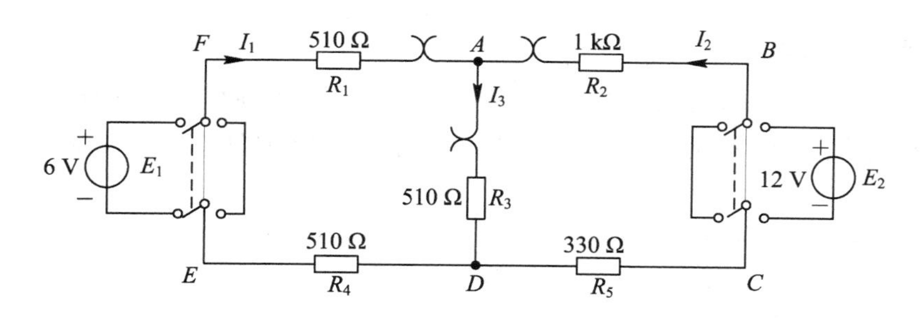

图 1.2-2 实验板接线图

1. 验证基尔霍夫电流定律(KCL)

根据图 1.2-1 中给出的参数，利用 KCL 计算 I_1、I_2、I_3 的值并填入表 1.2-1 中。

实验前，先任意设定三条支路的电流参考方向，如图 1.2-1 中的 I_1、I_2、I_3 所示，分别将两路直流稳压电源 $E_1=6$ V 和 $E_2=12$ V 接入电路，将电流表分别串入各支路中(如发现为负值，应迅速调换电流表极性，并冠以负号)，并将测量值填入表 1.2-1 中。

为了体会测量仪表的量程对测量误差的影响，分别用大、小量程的电流表对表 1.2-1 所示数据各测量一次。

表 1.2-1

	I_1/mA	I_2/mA	I_3/mA	$\sum I_i$/mA
计算值 A_0				
测量值 A_X	大量程/小量程：	大量程/小量程：	大量程/小量程：	大量程/小量程：
误差/% $((A_X-A_0)/A_X)\times100\%$				

2. 验证基尔霍夫电压定律(KVL)

根据图 1.2-1 中给出的参数，利用 KVL 计算各元件上的电压值，并将计算结果填入表 1.2-2 中。用直流电压表分别测量电路(见图 1.2-1)各元件上的电压值，并将测量值填入表 1.2-2 中。

表 1.2-2

	U_{FA}/V	U_{AB}/V	U_{BC}/V	U_{CD}/V	U_{DE}/V	U_{EF}/V	U_{AD}/V
计算值 A_0							
测量值 A_X							
误差/% $((A_X-A_0)/A_X)\times100\%$							

3. 验证叠加原理

按照图 1.2－2 所示电路接线。当电源 E_1、E_2 分别单独作用，以及 E_1 和 E_2 共同作用时，分别测量电路各元件上的电压值、电流值，并将测量值填入表 1.2－3 中。

表 1.2－3

	E_1/V	E_2/V	I_1/mA	I_2/mA	I_3/mA	U_{AB}/V	U_{CD}/V	U_{AD}/V	U_{DE}/V	U_{FA}/V
E_1 单独作用	6	0								
E_2 单独作用	0	12								
E_1、E_2 共同作用	6	12								
$2E_1$ 单独作用	12	0								
$2E_2$ 单独作用	0	24								

五、实验报告

(1) 利用测量结果验证基尔霍夫定律、叠加定理及电路的齐次性。

(2) 计算各值的绝对误差，分析产生误差的原因。

1. 若某支路的电流为 3 mA 左右，现有量程分别为 5 mA 和 10 mA 的两个电流表，应选用哪一量程使测量值可以更加精准？

2. 实验中，当用万用表直流毫安挡测量各支路电流时，什么情况下可能出现指针反偏？应如何处理？在记录数据时应注意什么？

1.3　戴维南定理及诺顿定理

一、实验目的

（1）验证戴维南定理及诺顿定理；

（2）掌握测量有源二端网络等效参数的一般方法。

二、实验原理

对于任何一个线性含源网络，当仅仅研究其中一条支路的电压和电流时，可将电路的其余部分看作是一个有源二端网络。

戴维南定理：任何一个线性有源二端网络，总可以用一个等效电压源和等效电阻相串联来代替。

诺顿定理：任何一个线性有源二端网络，总可以用一个等效电流源和等效电阻相并联来代替。

有源二端网络等效参数的测量方法有以下四种：

1. 开路电压、短路电流法测量

在有源二端网络输出端开路时，用电压表直接测其输出端的开路电压 U_{oc}，然后再将其输出端短路，用电流表测其短路电流 I_{sc}，则内阻为

$$R_o = \frac{U_{oc}}{I_{sc}}$$

2. 伏安法测量

用电压表、电流表测出有源二端网络的外特性如图 1.3－1 所示。根据外特性曲线求出斜率，则内阻为

$$R_o = \tan\varphi = \frac{\Delta U}{\Delta I} = \frac{U_{oc}}{I_{sc}}$$

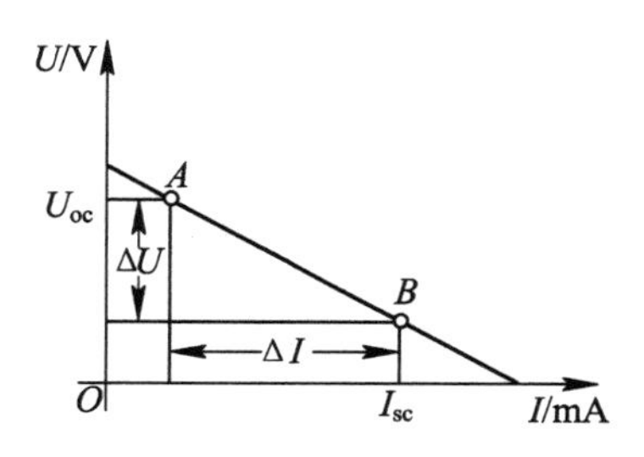

图 1.3－1　伏安法

伏安法主要用于测量开路电压及电流为额定值 I_N 时的输出端电压值 U_N，若二端

网络的内阻值很低，则不宜用于测其短路电流。

3. 半电压法测量

如图 1.3－2 所示，当负载电压为被测网络开路电压一半时，负载电阻(由电阻箱的读数确定)即为被测有源二端网络的等效内阻。

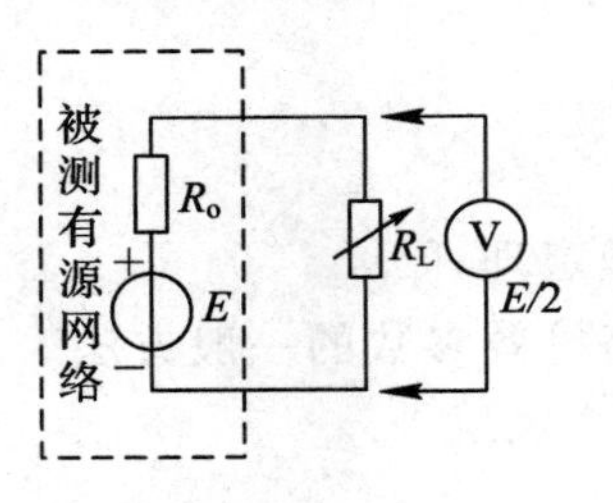

图 1.3－2　半电压法

4. 零示法测量

在测量具有高内阻的有源二端网络的开路电压时，用电压表直接测量会造成较大的误差。为了消除电压表内阻的影响，往往采用零示法测量，如图 1.3－3 所示。

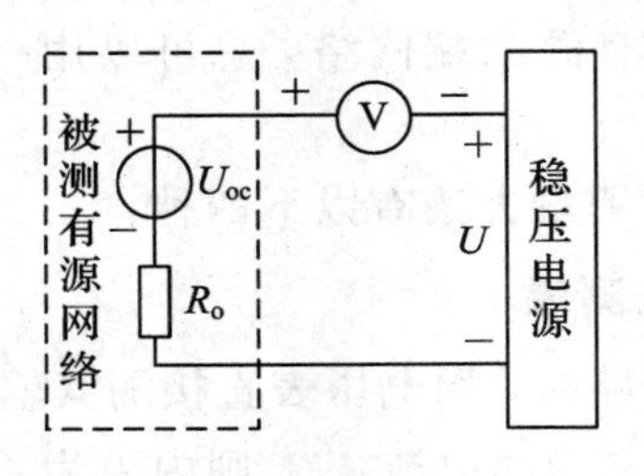

图 1.3－3　零示法

零示法测量原理是用一低内阻的稳压电源与被测有源二端网络进行比较，当稳压电源的输出电压与有源二端网络的开路电压相等时，电压表的读数将为“0”；然后，将电路断开，测量此时稳压电源的输出电压，即为被测有源二端网络的开路电压。

三、实验仪器设备

直流稳压电源一台，直流电压表一块，直流毫安表一块，戴维南定理及诺顿定理实验线路板各一块，可调电阻箱(0～999999.9 Ω)。

四、实验内容及步骤

(1) 用开路电压、短路电流法测定戴维南等效电路的 U_{oc} 和 I_{sc}，测量数据填入表 1.3－1 中。被测有源二端网络如图 1.3－4(a)所示。

(2) 用零示法及半电压法测得 $U_{oc}=$__________和 $R_o=$____________。

(3) 外特性曲线测定。

按图 1.3－4(a)改变电位器 R_L 的阻值，电位器的阻值变化范围从 0 到∞，测量该有源二端网络的外特性曲线，并将测量数据填入表 1.3－2 中。

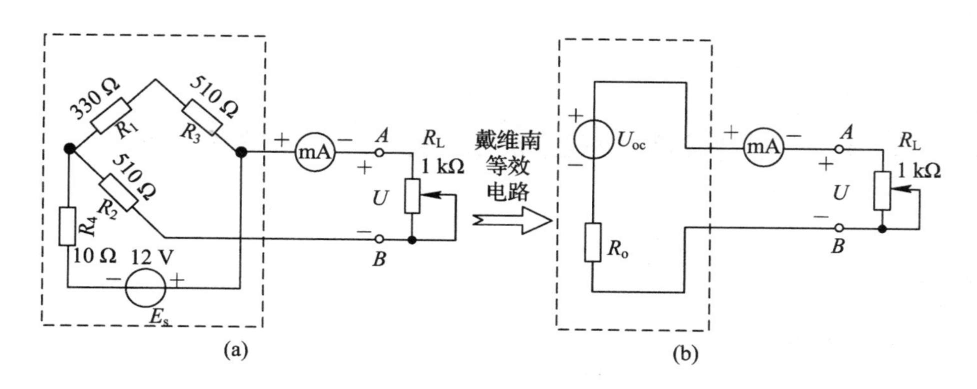

图1.3-4 被测有源二端网络及其等效电路

表1.3-1

U_{oc}/V	I_{sc}/mA	$R_o=U_{oc}/I_{sc}$

表1.3-2

U/V						
I/mA						

(4) 验证戴维南定理。

保持(2)中的值不变，用电位器与直流稳压电源相串联，如图1.3-4(b)所示。仿照步骤(3)测其外特性曲线，对戴维南定理进行验证，并将数据填入表1.3-3中。

表1.3-3

U/V						
I/mA						

五、实验报告

(1) 根据步骤(3)和步骤(4)，分别绘出曲线，验证戴维南定理的正确性，并分析产生误差的原因。

(2) 将步骤(1)测得的U_{oc}和R_o与预习时电路计算的结果作比较，写出结论。

(3) 归纳、总结实验结果。

1. 比较测有源二端网络开路电压及等效内阻的几种方法的优缺点。
2. 设计一个验证诺顿定理的实验。

1.4 电压源、电流源及其电源等效变换

一、实验目的

(1) 掌握建立电源模型的方法；

(2) 掌握电源外特性的测量方法；

(3) 加深对电压源和电流源特性的理解；

(4) 研究电源模型等效变换的条件。

二、实验原理

1. 电压源和电流源

电压源具有端电压保持恒定不变，而输出电流的大小由负载决定的特性。其外特性，即端电压 U 与输出电流 I 的关系 $U=f(I)$ 是一条平行于 I 轴的直线。实验中使用的恒压源在规定的电流范围内具有很小的内阻，可以将它视为一个电压源。

电流源具有输出电流保持恒定不变，而端电压的大小由负载决定的特性。其外特性，即输出电流 I 与端电压 U 的关系 $I=f(U)$ 是一条平行于 U 轴的直线。实验中使用的恒流源在规定的电压范围内具有极大的内阻，可以将它视为一个电流源。

2. 实际电压源和实际电流源

实际上，任何电源内部都存在电阻，通常称为内阻。因而，实际电压源可以用一个内阻 R_S 和电压源 U_S 串联表示，其端电压 U 随输出电流 I 增大而降低。在实验中，可以用一个小阻值的电阻与恒压源相串联来模拟一个实际电压源。

实际电流源可以用一个内阻 R_S 和电流源 I_S 并联表示，其输出电流 I 随端电压 U 增大而减小。在实验中，可以用一个大阻值的电阻与恒流源相并联来模拟一个实际电流源。

3. 实际电压源和实际电流源的等效变换

一个实际的电源，就其外部特性而言，既可以看成是一个电压源，又可以看成是一个电流源。若视为电压源，则可用一个电压源 U_S 与一个电阻 R_S 相串联表示；若视为电流源，则可用一个电流源 I_S 与一个电阻 R_S 相并联来表示。若它们向同样大小的负载提供同样大小的电流和端电压，则称这两个电源是等效的，即具有相同的外特性。

实际电压源与实际电流源等效变换的条件如下：

(1) 取实际电压源与实际电流源的内阻均为 R_S。

(2) 若已知实际电压源的参数为 U_S 和 R_S，则实际电流源的参数为 $I_S=\dfrac{U_S}{R_S}$ 和 R_S；

若已知实际电流源的参数为 I_S 和 R_S，则实际电压源的参数为 $U_S=I_SR_S$ 和 R_S。

三、实验仪器设备

直流数字电压表、直流数字电流表，恒压源(双路 0～30 V 可调)，恒源流(0～200 mA 可调)，实验电路板。

四、实验内容及步骤

1. 测定电压源(恒压源)与实际电压源的外特性

实验电路如图 1.4－1 所示，图中的电源 U_S 用恒压源 0～30 V 可调电压输出端，并将输出电压调到＋6 V，R_1 取 200 Ω 的固定电阻，R_2 取 470 Ω 的电位器。调节电位器 R_2，令其阻值由大至小变化，并将电流表、电压表的读数记入表 1.4－1 中。

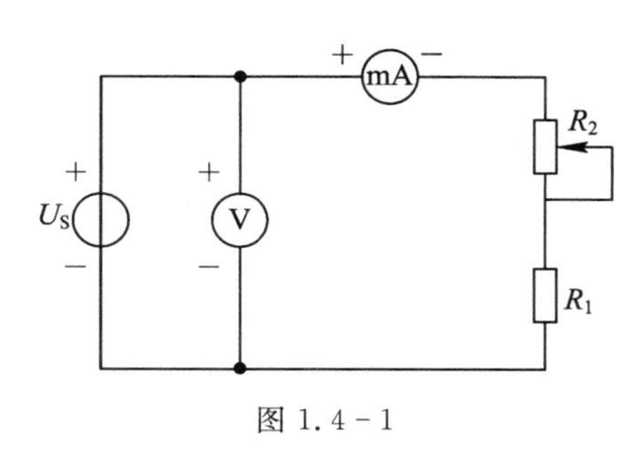

图 1.4－1

表 1.4－1

I/mA							
U/V							

在图 1.4－1 所示电路中，将电压源改成实际电压源，如图 1.4－2 所示，图中内阻 R_S 取 51 Ω 的固定电阻，调节电位器 R_2，令其阻值由大至小变化，并将电流表、电压表的读数记入表 1.4－2 中。

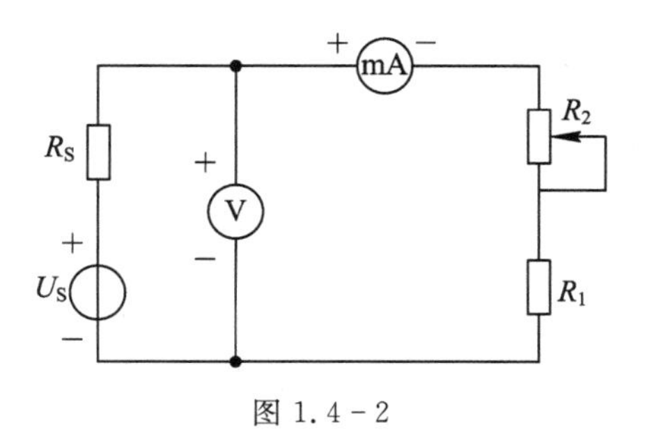

图 1.4－2

表 1.4-2

I/mA							
U/V							

2. 测定电流源(恒流源)与实际电流源的外特性

按图 1.4-3 接线，图中 I_S 为恒流源，调节其输出为 5 mA(用毫安表测量)，R_2 取 470 Ω 的电位器；再将电流源换为实际电流源，如图 1.4-4 所示，在 R_S 分别为 1 kΩ 和 ∞两种情况下，调节电位器 R_2，令其阻值由大至小变化，并将电流表、电压表的读数记入表 1.4-3 和表 1.4-4 中。

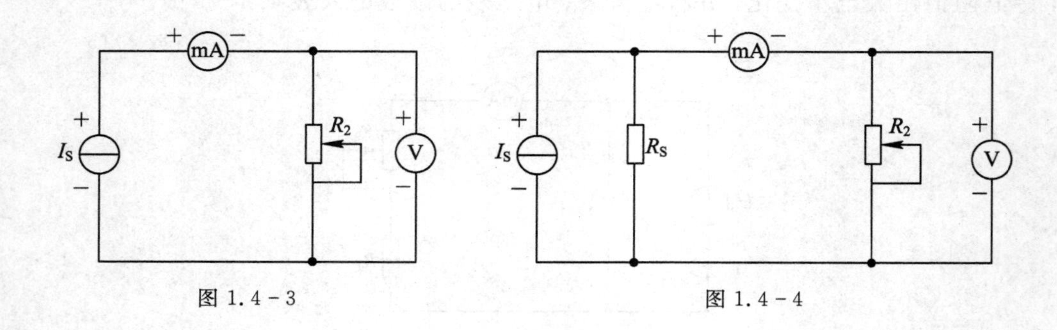

图 1.4-3　　图 1.4-4

表 1.4-3

I/mA							
U/V							

表 1.4-4

I/mA							
U/V							

3. 研究电源等效变换的条件

按照图 1.4-5 所示电路接线，其中(a)、(b)图中的内阻 R_S 均为 51 Ω，负载电阻 R 均为 200 Ω。

在图 1.4-5 (a)所示电路中，U_S 用恒压源 0～30 V 可调电压输出端，并将输出电压调到+6 V，记录电流表、电压表的读数。然后，调节图 1.4-5(b)所示电路中的恒流源 I_S，令两电表的读数与图 1.4-5(a)中的数值相等，记录 I_S 的值，验证等效变换条件的正确性。

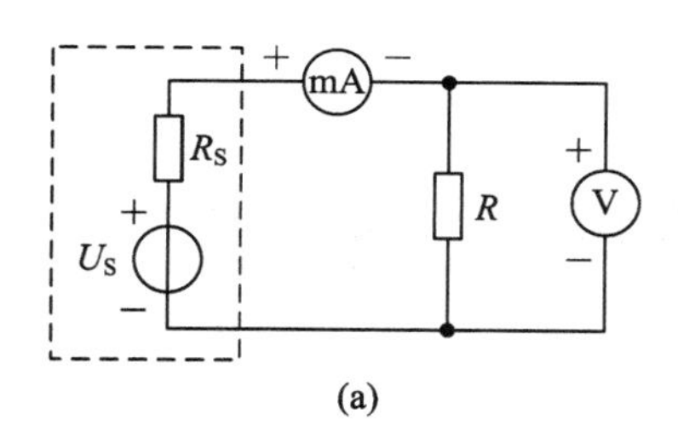

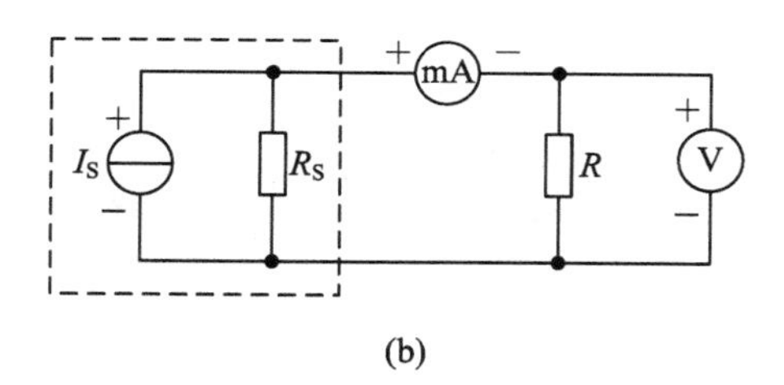

图 1.4-5

五、实验注意事项

（1）在测电压源外特性时，不要忘记测空载（$I=0$）时的电压值；测电流源外特性时，不要忘记测短路（$U=0$）时的电流值，注意恒流源负载电压不可超过 20 V，负载更不可开路。

（2）换接线路时，必须关闭电源开关。

（3）直流仪表的接入应注意极性与量程。

六、实验报告

（1）根据实验数据绘出电源的四条外特性，并总结、归纳两类电源的特性；

（2）通过实验结果验证电源等效变换的条件；

（3）回答思考题。

1. 电压源的输出端为什么不允许短路？电流源的输出端为什么不允许开路？

2. 说明电压源和电流源的特性，其输出是否在任何负载下都能保持恒定值？

3. 实际电压源与实际电流源的外特性为什么呈下降变化趋势？下降的快慢受哪个参数影响？

4. 实际电压源与实际电流源等效变换的条件是什么？所谓“等效”，是对谁而言？电压源与电流源能否等效变换？

1.5 *RLC* 串联谐振电路的研究

一、实验目的

(1) 学习用实验方法测试 *RLC* 串联谐振电路的幅频特性曲线；

(2) 加深理解电路发生谐振的条件、特点，掌握电路品质因数的物理意义及其测定方法。

二、实验原理

串联谐振：*RLC* 串联电路在某个特定的频率下，电路阻抗呈现出纯阻性，此时称该电路为串联谐振状态。其谐振频率为 $f=f_0=1/(2\pi\sqrt{LC})$。

在图 1.5-1 所示的 *RLC* 串联电路中，当正弦交流信号源的频率 f 改变时，电路中的感抗、容抗随之而变，电路中的电流也随 f 而变。当输入电压 U 维持不变时，在不同信号频率的激励下，测出电阻 R 两端电压 U_o 之值，然后以 f 为横坐标，以 U_o/U_i 为纵坐标，绘出光滑的曲线，此即为幅频特性曲线。

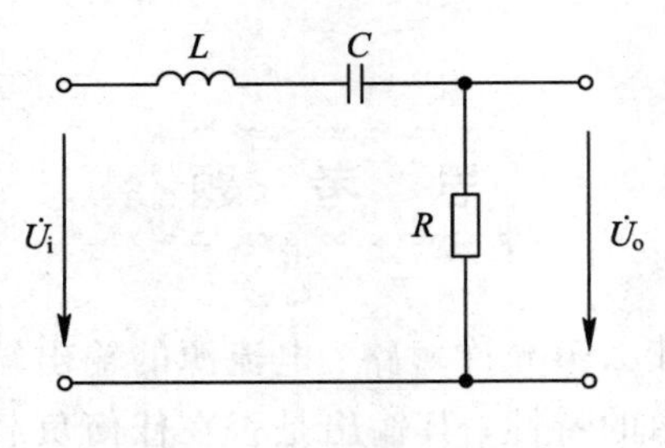

图 1.5-1 *RLC* 串联电路

1. 谐振曲线(见图 1.5-2)

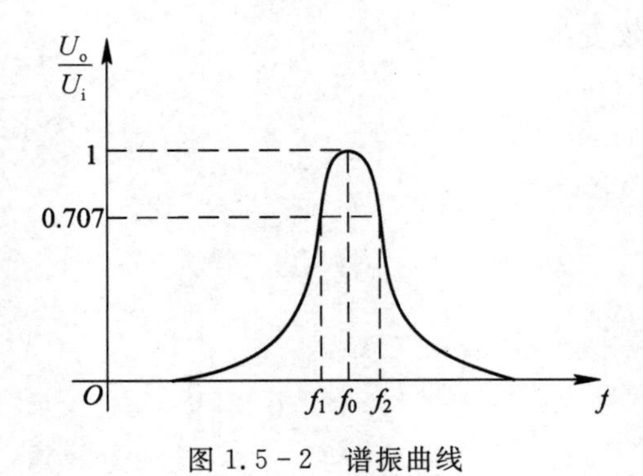

图 1.5-2 谐振曲线

2. 品质因数的定义

$X_L = X_C$ 时的频率 f，即幅频特性曲线尖峰所在的频率点，称为谐振频率。谐振时电路呈纯阻性，电路阻抗的模为最小，在输入电压 U_i 为定值时，电路中的电流 I_o 达到最大值，且与输入电压 U_i 同相位，从理论上讲，此时 $U_i = U_R = U_o$，$U_L = U_C = QU_i$，式中的 Q 称为电路的品质因数。

3. 电路品质因数 Q 值的两种测量方法

(1) 根据公式测定，U_C 与 U_L 分别为谐振时电容器 C 和电感线圈 L 上的电压。

(2) 通过测量谐振曲线的通频带宽度 $\Delta f = f_2 - f_1$，然后通过下式计算得到 Q

$$Q = \frac{f_0}{f_2 - f_1}$$

式中，f_0 为谐振频率，f_2 和 f_1 是失谐时，幅度下降到最大值的 $1/\sqrt{2}$（即 0.707）时的上、下频率点。

Q 值越大，曲线越尖锐，通频带越窄，电路的选择性越好。在恒压源供电时，电路的品质因数、选择性与通频带只决定于电路本身的参数，而与信号源无关。

三、实验仪器设备

函数信号发生器，交流毫伏表，双踪示波器，谐振电路实验线路板（$R = 510\ \Omega$、$1.5\ \text{K}\Omega$；$C = 2400\ \text{pF}$；$L \approx 30\ \text{mH}$）、电工综合实验台。

四、实验内容及步骤

(1) 按图 1.5－3 所示电路接线，取 $R = 510\ \Omega$，调节信号源输出电压为 1 V 正弦信号，并在整个实验过程中保持不变。

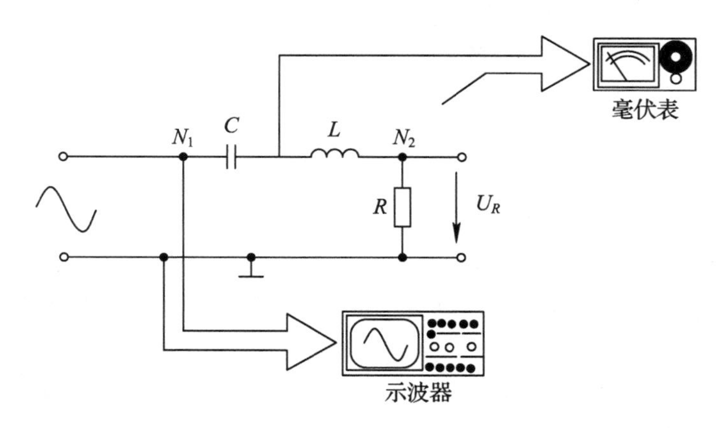

图 1.5－3

(2) 找出电路的谐振频率 f_0。将交流毫伏表跨接在电阻 R 两端，令信号源的频率逐渐由小变大（注意要维持信号源的输出幅度不变），当 U_o 的读数为最大时，读得频率计上的频率值即为电路的谐振频率 f_0。测量 U_o、U_L、U_C 的值（注意及时更换毫伏表的量程），将测量值记入表格中。

(3) 在谐振点两侧，应先测出下限频率 f_1 和上限频率 f_2 及相对应的 U_R 值，然后再逐点测出不同频率下 U_R 值，记入表 1.5-1 中。

表 1.5-1　　$R=$　　　**谐振时** $U_C=$　　　$U_L=$　　　$Q=$

f/kHz			f_1		f_0		f_2			
U_R/V										

(4) 取 $R=1.5\ \text{k}\Omega$，重复步骤(1)、(2)和(3)的测量过程，并将测量数据记入表 1.5-2 中。

表 1.5-2　　$R=$　　　**谐振时** $U_C=$　　　$U_L=$　　　$Q=$

f/kHz			f_1		f_0		f_2			
U_R/V										

五、实验注意事项

(1) 测试频率点的选择应在靠近谐振频率附近，在变换频率测试时，应调整信号输出幅度，使其维持在 1 V 输出不变。

(2) 在测量 U_C 和 U_L 数值前，应及时改换毫伏表的量程，而且在测量 U_C 与 U_L 时毫伏表的正极端接 C 与 L 的公共点，其接地端分别接 L 和 C 的近地端 N_1 和 N_2。

六、实验报告

(1) 根据测量数据，绘出不同 Q 值时的两条幅频特性曲线。

(2) 计算出通频带与 Q 值，说明不同 R 值对电路通频带与品质因数的影响。

(3) 对两种不同的测 Q 值的方法进行比较，分析误差产生的原因。

(4) 通过本次实验，总结、归纳串联谐振电路的特性。

思　考　题

1. 根据实验电路板给出的元件参数值，估算电路的谐振频率。

2. 改变电路的哪些参数可以使电路发生谐振？电路中 R 的数值是否影响谐振频率值？

3. 如何判别电路是否发生谐振？测试谐振点的方案有哪些？

4. 电路发生串联谐振时，为什么输入电压不能太大？如果信号源给出 1 V 的电压，电路谐振时，用交流毫伏表测 U_L 和 U_C，应该选择多大的量程？

5. 要提高 RLC 串联电路的品质因数，电路参数应如何改变？

6. 谐振时，比较输出电压 U_o 与输入电压 U_i 是否相等？试分析原因。

7. 谐振时，对应的 U_C 与 U_L 是否相等？如有差异，原因何在？

1.6　R、L、C 元件阻抗特性的测定

一、实验目的

（1）研究电阻、感抗、容抗与频率的关系，测定它们随频率变化的特性曲线；

（2）学会测定交流电路频率特性的方法；

（3）了解滤波器的原理和基本电路；

（4）学习使用信号源、频率计和交流毫伏表。

二、实验原理

1. 单个元件阻抗与频率的关系

对于电阻元件，根据$\frac{\dot{U}_R}{\dot{I}_R}=R\angle 0°$，其中$\frac{U_R}{I_R}=R$，知电阻 R 与频率无关。

对于电感元件，根据$\frac{\dot{U}_L}{\dot{I}_L}=\mathrm{j}X_L$，其中$\frac{U_L}{I_L}=X_L=2\pi fL$，知感抗 X_L 与频率成正比。

对于电容元件，根据$\frac{\dot{U}_C}{\dot{I}_C}=-\mathrm{j}X_C$，其中$\frac{U_C}{I_C}=X_C=\frac{1}{2\pi fC}$，知容抗 X_C 与频率成反比。

测量元件阻抗频率特性的电路如图 1.6－1 所示，图中的 r 是提供测量回路电流用的标准电阻，流过被测元件的电流（I_R、I_L、I_C）可由 r 两端的电压 U_r 除以 r 阻值所得。又根据上述三个公式，用被测元件的电流除对应的元件电压，便可得到 R、X_L 和 X_C 的数值。

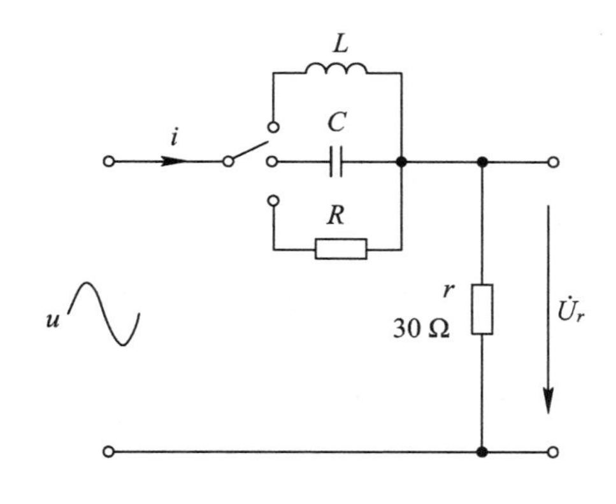

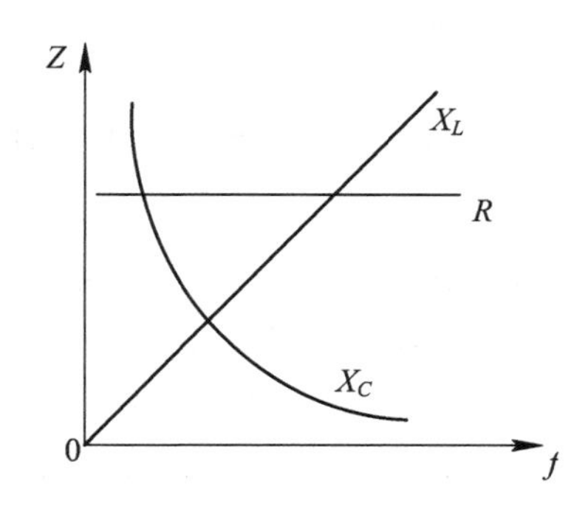

图 1.6－1

2. 交流电路的频率特性

由于交流电路中感抗 X_L 和容抗 X_C 均与频率有关，因而，在输入电压（或称激励信号）大小不变的情况下，改变频率大小，电路电流和各元件电压（或称响应信号）也会发生变化。这种电路响应随激励频率变化的特性称为频率特性。

若电路的激励信号为 $E_x(j\omega)$，响应信号为 $R_e(j\omega)$，则频率特性函数为

$$N(j\omega)=\frac{R_e(j\omega)}{E_x(j\omega)}=A(\omega)\angle\varphi(\omega)$$

式中，$A(\omega)$为响应信号与激励信号的大小之比，是 ω 的函数，称为幅频特性；$\varphi(\omega)$为响应信号与激励信号的相位差角，也是 ω 的函数，称为**相频特性**。

在本实验中，我们研究几个典型电路的幅频特性，如图 1.6－2 所示。其中，图(a)在高频时有响应（即有输出），称为高通滤波器；图(b)在低频时有响应（即有输出），称为为低通滤波器。图中对应 $A=0.707$ 的频率 f_C 称为**截止频率**。在本实验中，用 RC 网络组成的高通滤波器和低通滤波器，它们的截止频率 f_C 均为 $1/(2\pi RC)$。图(c)在一个频带范围内有响应（即有输出），称为带通滤波器，图中 f_{C1} 称为**下限截止频率**，f_{C2} 称为**上限截止频率**，通频带 $B_W=f_{C2}-f_{C1}$。

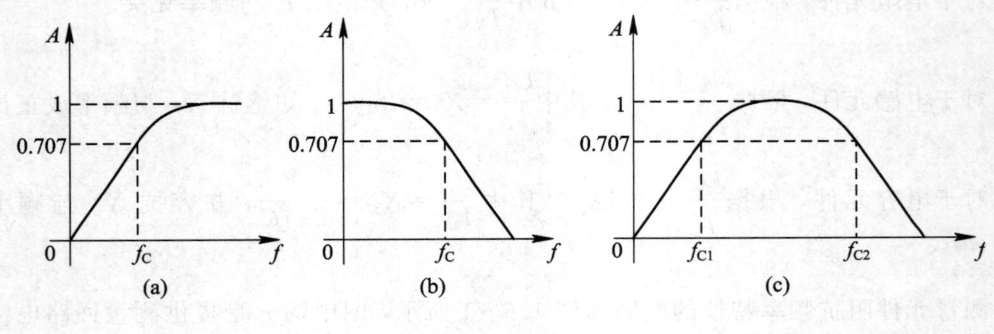

图 1.6－2

三、实验仪器设备

信号源（含频率计）一个，交流毫伏表一块，实验电路板一块。

四、实验内容及步骤

1. 测量 *R*、*L*、*C* 元件的阻抗频率特性

实验电路如图 1.6－1 所示，图中 $r=300\ \Omega$，$R=1\ \text{k}\Omega$，$L=15\ \text{mH}$，$C=0.01\ \mu\text{F}$。选择信号源正弦波输出作为输入电压 u，调节信号源输出电压幅值，并用交流毫伏表测量，使输入电压 u 的有效值 $U=2\ \text{V}$，并保持不变。

用导线分别接通 R、L、C 三个元件，调节信号源的输出频率，使其从 1 kHz 逐渐增至 20 kHz（用频率计测量），用交流毫伏表分别测量 U_R、U_L、U_C 和 U_r，并将实验数据记入表 1.6－1 中。然后，通过计算得到各频率点的 R、X_L 和 X_C。

表 1.6-1

<table>
<tr><td colspan="2">频率 f/kHz</td><td>1</td><td>2</td><td>5</td><td>10</td><td>15</td><td>20</td></tr>
<tr><td rowspan="4">R</td><td>U_r/V</td><td></td><td></td><td></td><td></td><td></td><td></td></tr>
<tr><td>U_R/V</td><td></td><td></td><td></td><td></td><td></td><td></td></tr>
<tr><td>$I_R(\mathrm{mA})=U_r/r$</td><td></td><td></td><td></td><td></td><td></td><td></td></tr>
<tr><td>$R=U_R/I_R$</td><td></td><td></td><td></td><td></td><td></td><td></td></tr>
<tr><td rowspan="4">X_L</td><td>U_r/V</td><td></td><td></td><td></td><td></td><td></td><td></td></tr>
<tr><td>U_L/V</td><td></td><td></td><td></td><td></td><td></td><td></td></tr>
<tr><td>$I_L(\mathrm{mA})=U_r/r$</td><td></td><td></td><td></td><td></td><td></td><td></td></tr>
<tr><td>$X_L=U_L/I_L$</td><td></td><td></td><td></td><td></td><td></td><td></td></tr>
<tr><td rowspan="4">X_C</td><td>U_r/V</td><td></td><td></td><td></td><td></td><td></td><td></td></tr>
<tr><td>U_C/V</td><td></td><td></td><td></td><td></td><td></td><td></td></tr>
<tr><td>$I_C(\mathrm{mA})=U_r/r$</td><td></td><td></td><td></td><td></td><td></td><td></td></tr>
<tr><td>$X_C=U_C/I_C$</td><td></td><td></td><td></td><td></td><td></td><td></td></tr>
</table>

2. 测量高通滤波器频率特性

实验电路如图1.6-3所示，图中$R=1\ \mathrm{k\Omega}$，$C=0.022\ \mu\mathrm{F}$。用信号源输出正弦波电压作为电路的激励信号(即输入电压)u_i，调节信号源正弦波输出电压幅值，并用交流毫伏表测量，使激励信号u_i的有效值$U_i=2$ V，并保持不变。调节信号源的输出频率，使其从1 kHz逐渐增至20 kHz(用频率计测量)，用交流毫伏表测量响应信号(即输出电压)U_R，并将实验数据记入表1.6-2中。

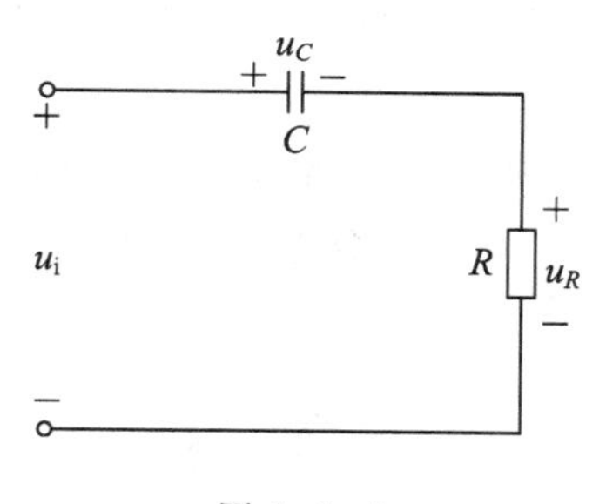

图 1.6-3

表 1.6-2

频率 f/kHz	1	3	6	8	10	15	20
U_R/V							
U_C/V							
U_o/V							

3. 测量低通滤波器频率特性

实验电路和步骤同实验 2，只是响应信号(即输出电压)取自电容两端电压 u_C，将实验数据记入表 1.6-2 中。

4. 测量带通滤波器频率特性

实验电路如图 1.6-4 所示，图中 $R=1\ \text{k}\Omega$，$L=15\ \text{mH}$，$C=0.1\ \mu\text{F}$。实验步骤同实验 2，响应信号(即输出电压)取自电阻两端电压 u_R，将实验数据记入表 1.6-2 中。

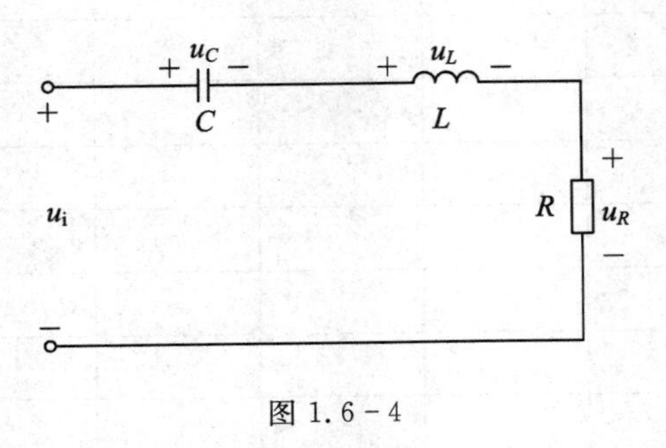

图 1.6-4

五、实验注意事项

交流毫伏表属于高阻抗电表，测量前必须先调零。

六、实验报告

(1) 根据表 1.6-1 的实验数据，定性画出 RLC 串联电路的阻抗与频率关系的特性曲线，并分析阻抗和频率的关系。

(2) 根据表 1.6-2 的实验数据，在方格纸上绘制高通滤波器和低通滤波器的幅频特性曲线，并根据曲线：① 求得截止频率 f_C，并与计算值相比较；② 说明它们各具有什么特点。

(3) 根据表 1.6-2 的实验数据，在方格纸上绘制带通滤波器的幅频特性曲线，再根据曲线求得截止频率 f_{C1} 和 f_{C2}，并计算通频带 B_W。

1. 如何用交流毫伏表测量电阻 R、感抗 X_L 和容抗 X_C？它们的大小和频率有何关系？

2. 什么是频率特性？高通滤波器、低通滤波器和带通滤波器的幅频特性各有何特点？如何测量？

1.7　RC 一阶电路的响应测试

一、实验目的

(1) 观察 RC 电路的零状态响应和零输入响应；

(2) 观察 RC 电路的过渡过程，了解元件参数对过渡过程的影响；

(3) 掌握有关微分电路和积分电路的概念；

(4) 进一步学会用示波器测量图形。

二、实验原理

1. 电容充电

电容充电时如图 1.7－1(a)所示。电容两端电压从零按指数规律增长，而充电电流按指数规律衰减，如图 1.7－1(b)所示。当 $t=\tau$ 时，电容端电压 $u_C=0.632\ u$；当 $t=5\tau$ 时，电容端电压 $u_C=0.193u$，此时电路已非常接近稳定状态。

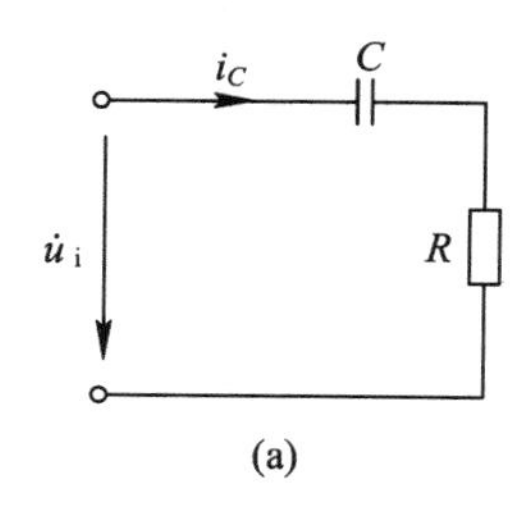

(a)

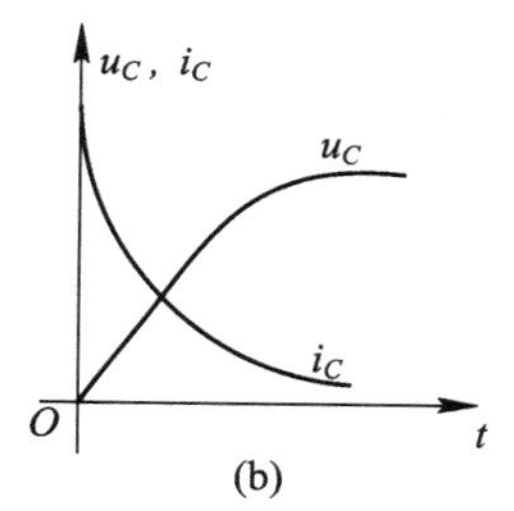

(b)

图 1.7－1

2. 电容放电

电容通过电阻 R 放电时如图 1.7－2(a)所示，响应曲线如图 1.7－2(b)所示。当 $t=\tau$ 时，电容端电压 $u_C=0.368u$；当 $t=5\tau$ 时，电容端电压 $u_C=0.007u$，同样此时电路已非常接近稳定状态。

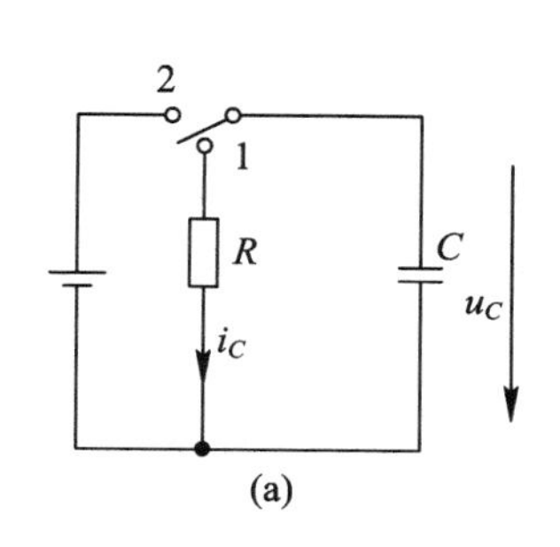

(a)

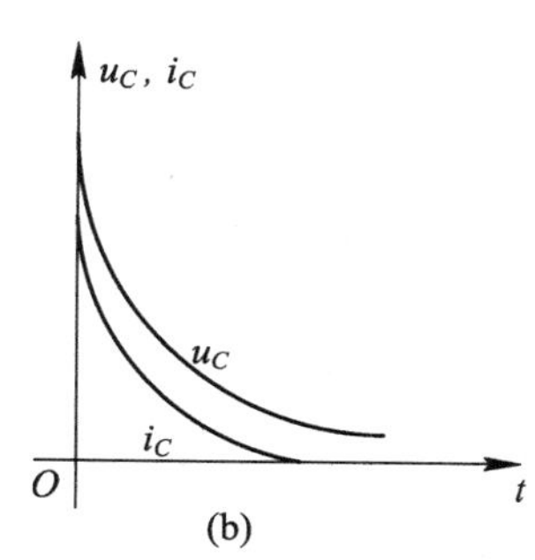

(b)

图 1.7－2

3. *RC* 串联的微、积分电路

一个简单的 *RC* 串联电路，在方波序列脉冲的重复激励下，当满足 $\tau = RC$（T 为方波脉冲的重复周期），且由 R 端作为响应输出时，电路如图 1.7-3(a)所示。这就构成了一个微分电路，因为此时电路的输出信号电压与输入信号电压的微分成正比，如图 1.7-3(b)所示。

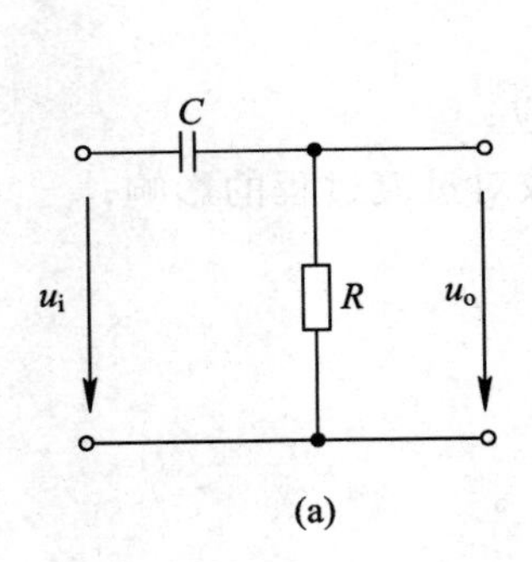

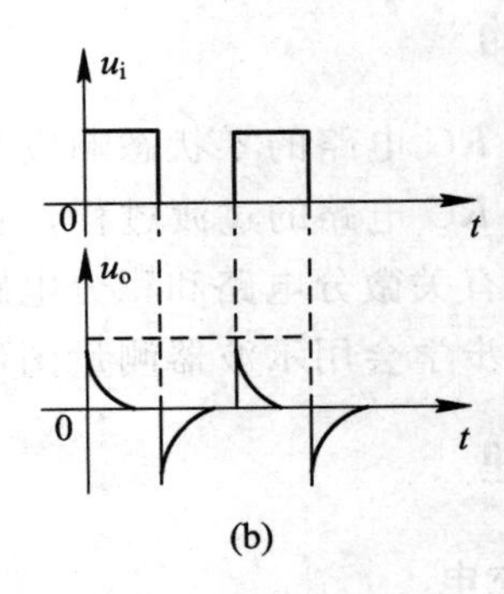

图 1.7-3

若将图 1.7-4(a)中的 R 与 C 位置调换一下，即由 C 端作为响应输出，且当电路参数的选择满足 $\tau = RC \gg T/2$ 条件时，电路如图 1.7-4(a)所示。这就构成了积分电路，因为此时电路的输出信号电压与输入信号电压的积分成正比，如图 1.7-4(b)所示。

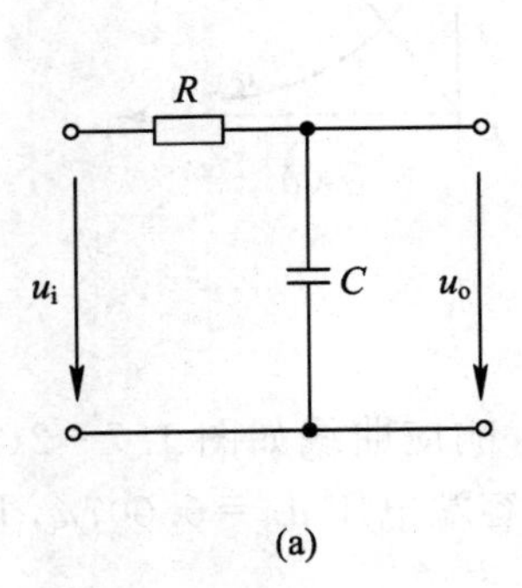

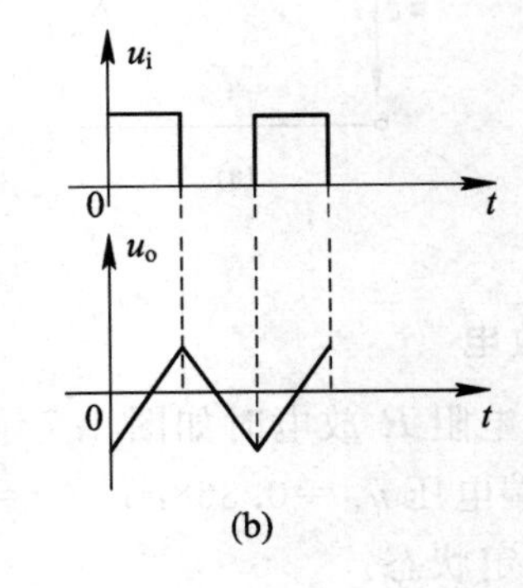

图 1.7-4

从输出波形来看，上述两个电路均起着波形变换的作用，请在实验过程中仔细观察与记录。

4. 用示波器测定时间常数

将方波信号加在 *RC* 电路上，用示波器观测电容两端的电压波形，测得电容电压的最大值，求达到最大值的 63.2%的时间，如图 1.7-5 所示。图中，时间常数 $\tau = n \times$ "时标"，n 为横坐标长度。

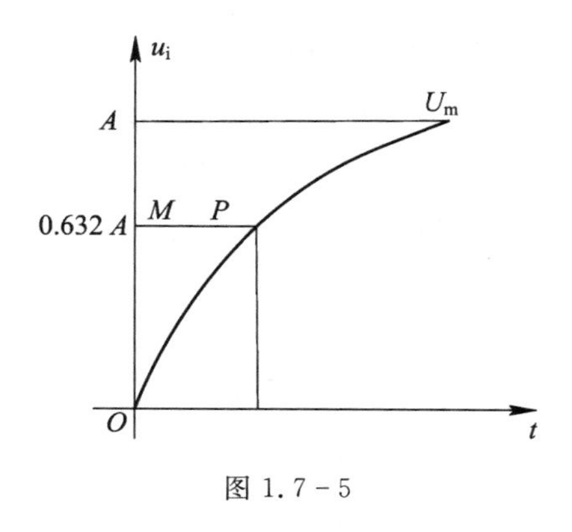

图 1.7-5

三、实验仪器设备

函数信号发生器一台，双踪示波器一台，一阶实验线路板一块。

四、实验内容及步骤

1. 测定 *RC* 串联电路的零状态响应和零输入响应曲线

按照图 1.7-6 所示接好电路，将开关 S 先置于"1"位置，将直流稳压电源调到 7.5 V，并接入电路，再将电压表并联在电容两端。

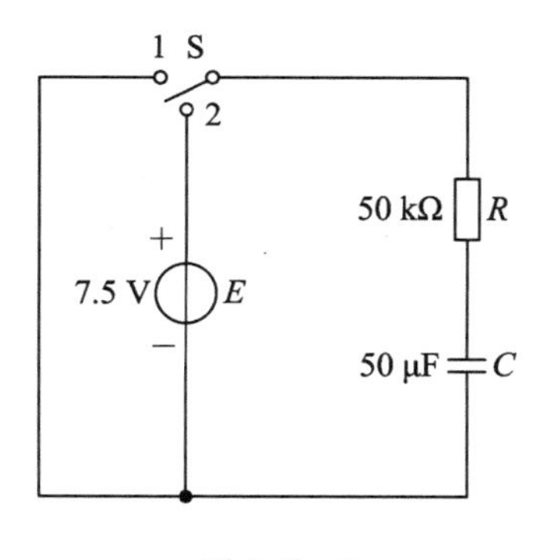

图 1.7-6

(1) 将开关 S 从"1"扳至"2"，使电容充电。在开关闭合时开始计时，每隔 5 s 记录一次电压值，直至 60 s 结束，将数据记入表 1.7-1 中，并描绘零状态响应曲线。

(2) 将 S 从"2"扳至"1"，使电容放电。在开关闭合时开始计时，每隔 5 s 记录一次电压值，直至 60 s 结束，将数据记入表 1.7-1 中，并描绘零输入响应曲线。

表 1.7-1

T/s	5	10	15	20	25	30	35	40	45	50	55	60
充电												
放电												

2. 观察电路元件参数改变后，对 *RC* 过渡过程的影响

(1) 调节信号发生器使其产生 1 kHz 的方波信号，用示波器在信号源输出端观测方波输出，并调节示波器使屏幕出现两个周期幅度适中的方波。

(2) 如图 1.7－7 所示，把信号发生器接入电路中，用示波器测电阻(电容)两端的电压波形。

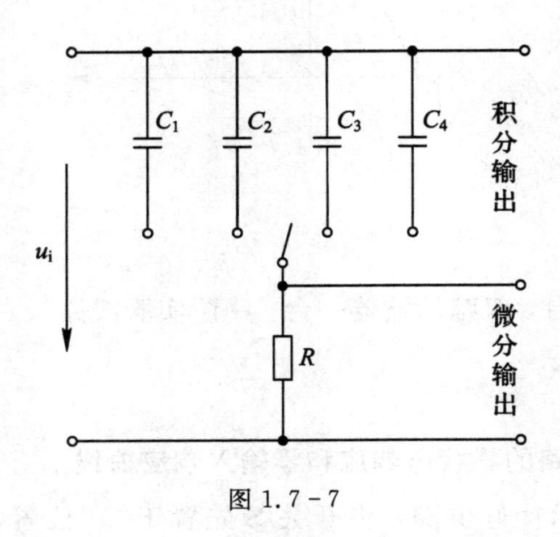

图 1.7－7

改变电路中的电容值，继续观察输出波形，并比较电路中时间常数变化后对波形的影响，将数据记入表 1.7－2 中。

表 1.7－2

电路参数	微分电路输出波形	积分电路输出波形	时间常数 τ/s
$R=$ $C_1=$			
$R=$ $C_2=$			
$R=$ $C_3=$			
$R=$ $C_4=$			

五、实验报告

（1）根据实验观测结果，在方格纸上绘出 RC 一阶电路充放电时 U_C 的变化曲线，由曲线测得 τ 值，并与参数值的计算结果作比较，然后分析误差原因。

（2）根据实验观测结果，归纳、总结积分电路和微分电路的形成条件，阐明波形变换的特征。

1．什么样的电信号可作为 RC 一阶电路、零状态响应和完全响应的激励信号？

2．已知 RC 一阶电路 $R=10\ \text{k}\Omega$，$C=0.1\ \mu\text{F}$，试计算时间常数 τ，并根据 τ 值的物理意义，拟定测定 τ 的方案。

3．何谓积分电路和微分电路？它们必须具备什么条件？在方波序列脉冲的激励下，它们输出信号波形的变化规律如何？这两种电路有何作用？

1.8 日光灯电路及功率因数的提高

一、实验目的

(1) 研究正弦稳态交流电路中电压、电流相量之间的关系；

(2) 掌握日光灯线路的接线方法；

(3) 理解改善电路功率因数的意义并掌握其方法。

二、实验原理

(1) 在单相正弦交流电路中，各支路的电流值与回路各元件两端的电压值之间的关系应满足相量形式的基尔霍夫定律，即 $\sum \dot{I}_\mathrm{i}=0$，$\sum \dot{U}_\mathrm{i}=0$。

(2) 通过并联不同容值的电容器可以达到提高功率因数 $\cos\varphi$ 值的目的。

三、实验仪器设备

单相交流电源(220 V)一台，自耦变压器一台，交流电压表一块，交流电流表一块，镇流器(40 W)一套，日光灯灯管(40 W)一支，启辉器一支，电容器若干。

四、实验内容及步骤

1. 日光灯线路的连接

按照图 1.8-1 组成实验线路，经指导教师检查后，接通交流电 220 V 电源，观察日光灯的启辉过程。然后将各电表的测量数据填入表 1.8-1 中。

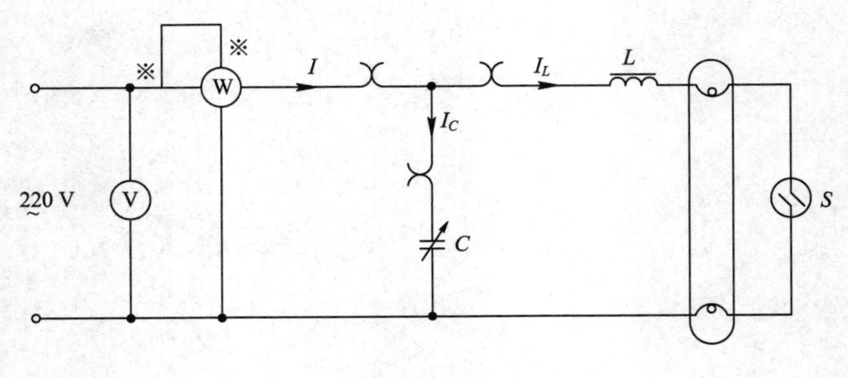

图 1.8-1

图中，同名端※连接交流 220 V 电源正极。

表 1.8－1

P/W	I/A	U/V	U_L/V	U_R/V

2. 电路功率因数的改善

逐步并联电容器到图 1.8－1 所示电路，记录数据，填入表 1.8－2 中。

表 1.8－2

电容值	测量数值						计算值	
C/μF	P/W	U/V	I/A	I_L/A	I_C/A	$\cos\varphi_C$	I/A	$\cos\varphi_C$
0								
0.47								
1								
2.2								
3.2								
4.3								
6.5								

五、实验注意事项

本实验用交流市电 220 V，务必注意用电和人身安全。

六、实验报告

(1) 完成表 1.8－2 中的数据计算并作出总电流 $I=f(C)$曲线，进行必要的误差分析。

(2) 根据实验数据，分别绘出电压、电流相量图，并验证相量形式的基尔霍夫定律。

(3) 讨论改善电路功率因数的意义和方法。

1. 简述日光灯的启辉原理。

2. 在日常生活中，当日光灯上缺少启辉器时，人们常用一根导线将启辉器的两端短接一下，然后迅速断开，使日光灯点亮，或用一只启辉器去点亮多只同类型的日光灯，这是为什么？

3．为了提高电路的功率因数，常在感性负载上并联电容器，此时增加了一条电流支路，试问电路的总电流是增大还是减小？此时感性元件上的电流和功率是否改变？

4．提高电路功率因数为什么只采用并联电容器法，而不用串联法？所并联的电容器是否越大越好？

1.9　三相交流电路电压、电流的测量

一、实验目的

(1) 掌握三相负载作星形连接、三角形连接的方法，验证不同接法时线、相电压，线、相电流之间的关系；

(2) 充分理解三相四线制供电系统中中线的作用。

二、实验原理

三相负载可接成星形（"Y"接）或三角形（"△"接）。

1. 负载的"Y"形连接(见图 1.9－1)

(1) 有中线 Y_0。

三相对称负载：$I_A=I_B=I_C$，$I_N=I_A+I_B+I_C=0$

$$U_l=\sqrt{3}U_p,\ U_{NN'}=0,\ I_l=I_p$$

三相不对称负载：$I_N=I_A+I_B+I_C\neq0$，$U_l=\sqrt{3}U_p$，$U_{NN'}=0$

(2) 无中线 Y。

三相对称负载：$I_A=I_B=I_C$，$I_N=I_A+I_B+I_C=0$，$U_l=\sqrt{3}U_p$，$U_{NN'}=0$

三相不对称负载：$I_N=I_A+I_B+I_C=0$，$U_{NN'}\neq0$

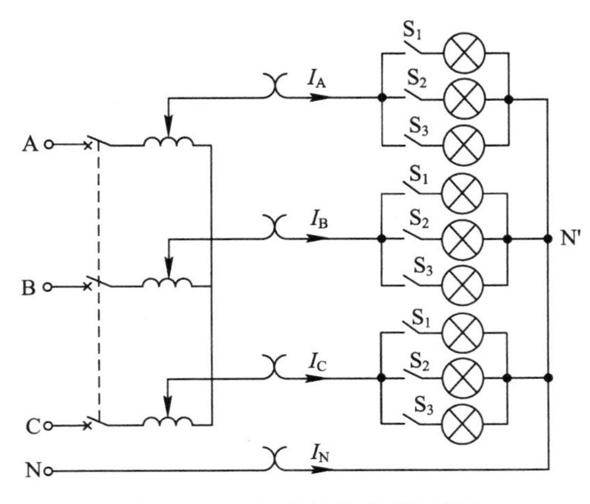

图 1.9－1　负载的"Y"形接线图

2. 负载的"△"形连接(见图 1.9－2)

(1) 三相对称负载：$I_l=\sqrt{3}I_p$，$U_l=U_p$

(2) 三相不对称负载：$I_l \neq \sqrt{3} I_p$，$U_l = U_p$

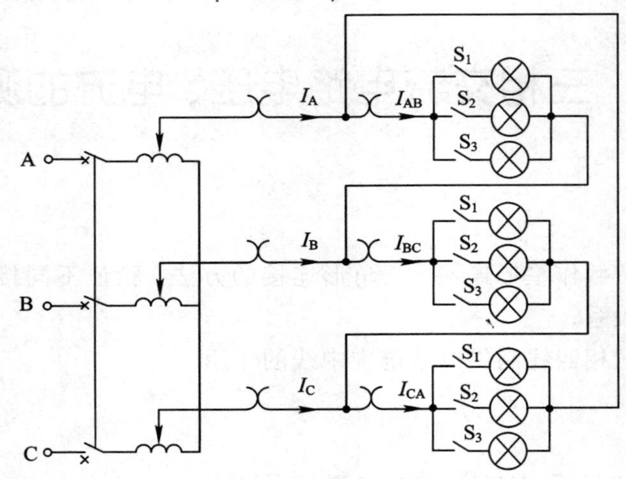

图 1.9-2　负载的"△"形接线图

三、实验仪器设备

三相交流电源(三相 380 V)，三相自耦调压器一台，交流电压表一块，交流电流表一块，三相灯泡组(15 W×9 支)，电工综合实验台。

四、实验内容及步骤

1. 三相负载的星形连接(三相四线制供电)测试

按照图 1.9-1 连接实验电路，即三相灯组负载接通三相交流电源，使相电压为 220 V。按照表 1.9-1 所列各项要求，分别测量三相负载的线电压、相电压、线电流、相电流、中线电流、中点电压，并将数据记录在表 1.9-1 中。观察各相灯组亮暗的变化程度，特别要注意观察中线的作用。

表 1.9-1

测量数据 / 负载情况	开灯盏数			线电流/A			线电压/V			相电压/V			中线电流 I_0	中点电压 $U_{NN'}$
	A 相	B 相	C 相	I_A	I_B	I_C	U_{AB}	U_{BC}	U_{CA}	U_{A0}	U_{B0}	U_{C0}		
Y_0 接对称负载	并	并	并											/
Y_0 接不对称负载	并	串	并											/
Y_0 接 B 相断开	并	断	并											/
Y 接对称负载	串	串	串										/	
Y 接不对称	串	并	串										/	
Y 接 B 相断开	串	断	串										/	
Y 接 B 相短路	串	短	串										/	

2. 负载的三角形连接(三相三线制供电)测试

按图 1.9－2 改接线路，接通三相交流电源，调节调压器，使其输出相电压降为 110 V，按表 1.9－2 所示的内容进行测试。

表 1.9－2

负载情况 \ 测量数据	开灯盏数			电压/V			线电流/A			相电流/A		
	A－B相	B－C相	C－A相	U_{AB}	U_{BC}	U_{CA}	I_A	I_B	I_C	I_{AB}	I_{BC}	I_{CA}
接对称负载	并	并	并									
	串	串	串									
接不对称负载	并	串	并									
	串	并	串									

五、实验注意事项

(1) 本实验较为危险。实验时，要注意人身安全，不可触及导电部件，防止意外事故发生。

(2) 每次接线完毕，同组同学应自查一遍，然后由实验指导教师检查后，方可接通电源，必须严格遵守先接线、后通电，先断电、后拆线的实验操作原则。

(3) 星形负载作短路实验时，必须首先断开中线，以免发生短路事故。

六、实验报告

(1) 用实验测得的数据验证对称三相电路中的相电压、线电压、相电流、线电流之间的关系。

(2) 通过实验数据和观察到的现象，总结三相四线制供电系统中中线的作用。

(3) 不对称三角形连接的负载，能否正常工作？实验是否能证明这一点？

(4) 根据不对称负载三角形连接时的相电流值作相量图，并求出线电流值，然后与实验测得的线电流值作比较，分析之。

1. 三相负载根据什么条件作星形或三角形连接？

2. 三相星形连接不对称负载在无中线情况下，当某相负载开路或短路时会出现什么情况？如果接上中线，情况又如何？中线电流与中点电压的逻辑关系是什么？

3. 在本次实验中，为什么要通过三相调压器将 380 V 的市电线电压降为 110 V 的线电压使用？

1.10 三相鼠笼式异步电动机的控制

一、实验目的

(1) 通过对三相鼠笼式异步电动机正反转控制线路的接线，掌握由电气原理图连接实际操作电路的方法；

(2) 加深对电气控制系统各种保护、自锁、互锁等环节的理解；

(3) 学会分析、排除继电接触控制线路故障的方法。

二、实验原理

在三相鼠笼式异步电动机正反转控制线路中，通过相序的更换来改变电动机的旋转方向。本实验给出的正、反转控制线路如图 1.10－1 所示，该电路有如下特点：

(1) 电气互锁功能。

为了避免接触器 KM_1（正转）、KM_2（反转）同时得电吸合造成三相电源短路，在 KM_1（KM_2）线圈支路中串接有 KM_1（KM_2）动断触头，它们保证了线路工作时 KM_1、KM_2 不会同时得电，以达到电气互锁的目的，如图 1.10－1 所示。

(2) 线路具有短路、过载、失压、欠压保护等功能。

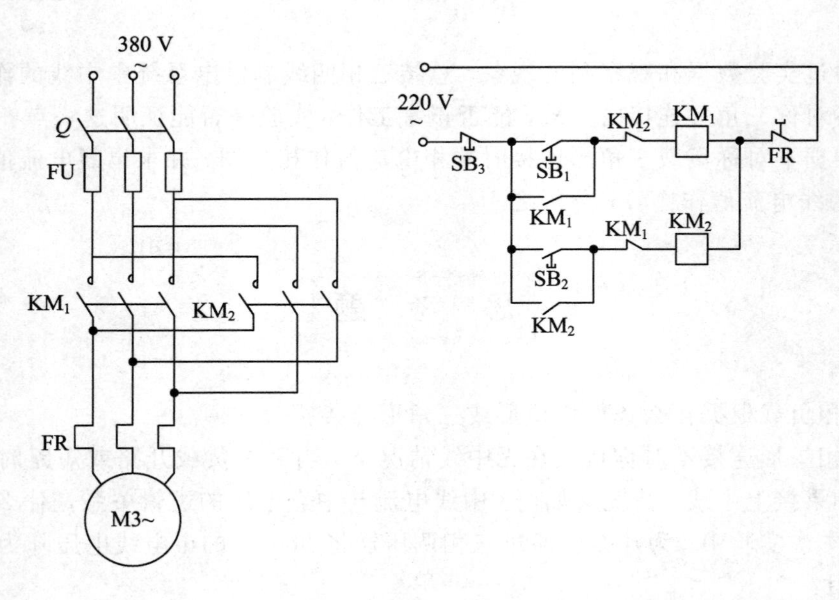

图 1.10－1

三、实验仪器设备

三相交流电源，三相鼠笼式异步电动机，接触器，按钮，热继电器，电工综合实验台等。

四、实验内容及步骤

按图 1.10－1 所示电路接线，经指导教师检查后，方可进行通电操作。

(1) 开启控制屏电源总开关，按下启动按钮，调节调压器输出，使主回路三相输出的线电压为 380 V。

(2) 控制回路照图接线，工作电压为交流 220 V。

(3) 电动机的正向启动与停止。按下正向启动按钮 SB_1，电动机正向启动，观察电动机的转向及接触器的动作情况。按下停止按钮 SB_3，使电动机停转。

(4) 电动机的反向启动与停止。按下反向启动按钮 SB_2，电动机反向启动，观察电动机的转向及接触器的动作情况。按下停止按钮 SB_3，使电动机停转。

(5) 电动机的正、反向启动。按下正向(或反向)启动按钮，电动机启动后，再按下反向(或正向)启动按钮，观察有何情况发生。

(6) 失压与欠压保护。

① 按下启动按钮 SB_1(或 SB_2)，电动机启动后，按下控制屏停止按钮，断开实验线路三相电源，模拟电动机失压(零压)状态，观察电动机与接触器的动作情况。随后，再按下控制屏上启动按钮，接通三相电源，但不按下 SB_1(或 SB_2)，观察电动机能否自行启动?

② 重新启动电动机后，逐渐减小三相自耦调压器的输出电压，直至接触器释放，观察电动机是否自行停转，并记录保护电压值。

(7) 过载保护。打开热继电器的后盖，当电动机启动后，人为地拨动双金属片模拟电动机过载情况，观察电动机及接触器的动作情况。

注意：此项内容，较难操作且危险，有条件可由指导教师作示范操作。

实验完毕后，将自耦调压器调回零位，按下控制屏停止按钮，切断实验线路电源。

五、实验报告

对三相鼠笼式异步电动机正反转控制线路进行故障分析。

(1) 接通电源后，按下启动按钮(SB_1 或 SB_2)，接触器吸合，但电动机不转，且发出“嗡嗡”声响或电动机能启动，但转速很慢。这种故障来自主回路，大多是由电源相电压断线或电源缺相导致的。

(2) 接通电源后，按启动按钮(SB_1 或 SB_2)，若接触器通断频繁，且发出连续的噼啪声或吸合不牢，发出颤动声，此类故障原因可能有以下四个：

① 线路接错，将接触器线圈与自身的动断触头串联在一条回路上了。

② 自锁触头接触不良，时通时断。

③ 接触器铁芯上的短路环脱落或断裂。

④ 电源电压过低或与接触器线圈电压等级不匹配。

1. 在电动机正反转控制线路中，为什么必须保证两个接触器不能同时工作？采用哪些措施可解决此问题？这些方法有何利弊？最佳方案是什么？

2. 在电动机控制线路中，短路、过载、失压、欠压保护等功能是如何实现的？在实际运行过程中，这几种保护有何意义？

第2章

电工技术专业类实验

2.1 电动机及电动机拖动基础认识实验

一、实验目的

(1) 学习电动机实验的基本要求与安全操作注意事项；

(2) 认识在直流电动机实验中所用的电动机、仪表、变阻器等部件并掌握其使用方法；

(3) 熟悉直流他励电动机(即并励电动机按他励方式工作)的接线、启动、改变电动机方向与调速的方法。

二、实验要求

(1) 了解电动机系统教学实验台中的直流稳压电源、涡流测功机、变阻器、多量程直流电压表、电流表、毫安表及直流电动机的使用方法。

(2) 用伏安法测直流电动机的电枢绕组的冷态电阻。

(3) 直流他励电动机的启动、调速及改变转向。

三、实验仪器设备

直流电动机电枢电源(NMEL－18/1)，直流电动机励磁电源(NMEL－18/2)，可调电阻箱(NMEL－03/4)，电机导轨及涡流测功机、转速转矩测量组件(NMEL－13)，直流电压表、电流表，直流他励电动机 M03。

四、实验内容及步骤

(1) 由实验指导人员讲解电机实验的基本要求、实验台各面板的布置及使用方法和注意事项。

(2) 在控制屏上按次序悬挂 NMEL－13、NMEL－03/4 组件，并检查 NMEL－13 和涡流测功机的连接。

(3) 用伏安法测直流电动机电枢电源的直流电阻。实验接线原理图如图 2.1－1 所示。其中，R_1 为可调电阻箱(NMEL－03/4)中的单相可调电阻，V 为直流电压表，A 为直流电流表。

① 经检查接线无误后，将直流电动机电枢电源调至最小，R_1 调至最大，直流电压表量程选为 300 V 挡，直流电流表量程选为 2 A 挡。

② 依次按下主控制屏绿色的“闭合”按钮，使直流电动机电枢电源的船形开关处于“ON”位置，建立直流电源，并调节直流电源至 110 V 输出。

调节 R_1 使电枢电流达到 0.2 A(如果电流太大，则可能由于剩磁的作用使电机旋

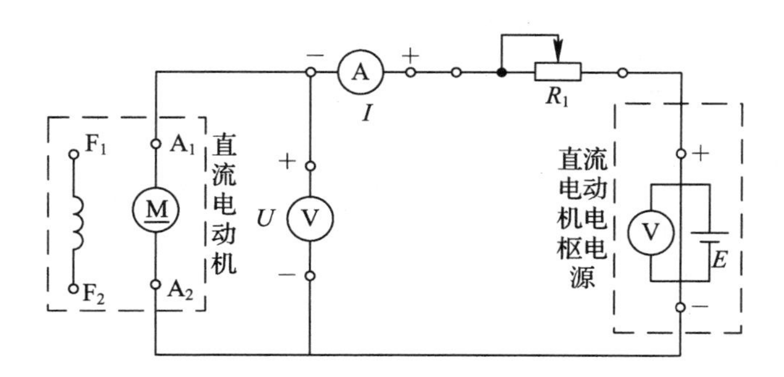

图 2.1－1　测电枢绕组直流电阻接线图

转，导致测量无法进行；如果电流太小，则可能由于接触电阻产生较大的误差)，改变电压表量程为 20 V，迅速测量电机电枢两端电压 U_{M} 和电流 I_{a}。将电机转子分别旋转 1/3 和 2/3 周，再次测量 U_{M}、I_{a}，将测量数据填入表 2.1－1 中。

③ 增大 R_1(逆时针旋转)使电流分别达到 0.15 A 和 0.1 A，用上述方法测量六组数据，并填入表 2.1－1 中。

取三次测量的平均值作为实际冷态电阻值 $R_{\mathrm{a}}=\dfrac{R_{\mathrm{a1}}+R_{\mathrm{a2}}+R_{\mathrm{a3}}}{3}$。

表 2.1－1　　　　　　　　　　　　　　　　　　**室温**______℃

序号	U_{M}/V	I_{a}/A	R/Ω		R_{a} 平均/Ω	R_{aref}/Ω
1			R_{a11}	R_{a1}		
			R_{a12}			
			R_{a13}			
2			R_{a21}	R_{a2}		
			R_{a22}			
			R_{a23}			
3			R_{a31}	R_{a3}		
			R_{a32}			
			R_{a33}			

表 2.1－1 中，

$$R_{\mathrm{a1}}=\frac{R_{\mathrm{a11}}+R_{\mathrm{a12}}+R_{\mathrm{a13}}}{3}$$

$$R_{\mathrm{a2}}=\frac{R_{\mathrm{a21}}+R_{\mathrm{a22}}+R_{\mathrm{a23}}}{3}$$

$$R_{\mathrm{a3}}=\frac{R_{\mathrm{a31}}+R_{\mathrm{a32}}+R_{\mathrm{a33}}}{3}$$

④ 计算基准工作温度时的电枢电阻。由实验测得的电枢绕组电阻值为实际冷态电

阻值，冷态温度为室温。按下式换算得到基准工作温度时的电枢绕组电阻值：

$$R_{aref}=R_{a}\frac{235+\theta_{ref}}{235+\theta_{a}}$$

式中，R_{aref} 为换算到基准工作温度时电枢绕组电阻(单位为 Ω)；

R_{a} 为电枢绕组的实际冷态电阻(单位为 Ω)；

θ_{ref} 为基准工作温度，对于 E 级绝缘为 75℃；

θ_{a} 为实际冷态时电枢绕组的温度(单位为℃)。

(4) 直流电动机的启动。

实验开始时，将 NMEL－13“转速控制”和“转矩控制”选择开关拨向“转矩控制”，“转速/转矩设定”旋钮逆时针旋转到底。

① 按照图 2.1－2 所示电路接线，检查电机导轨和 NMEL－13 的连接线是否接好，电动机励磁回路接线是否牢靠。

② 将直流电动机电枢电源调至最小，将直流电动机励磁电源调至最大。

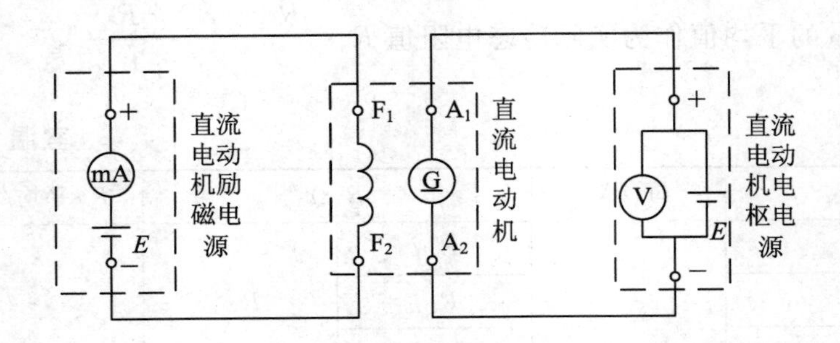

图 2.1－2　直流他励电动机接线图

③ 合上控制屏的漏电保护器，按次序按下绿色“闭合”按钮，分别使直流电动机励磁电源船形开关和直流电动机电枢电源船形开关处于“ON”位置。此时，电动机电枢电源的绿色工作发光二极管亮，指示直流电压已建立，调节旋钮，使电动机电枢电源输出 220 V 电压。

(5) 调节直流他励电动机的转速。

① 分别改变电动机电枢电源和励磁电流，观察转速变化情况。

② 调节“转速/转矩设定”旋钮，改变转矩，注意转矩不要超过 1.1 N·m，以上两种情况可分别观察转速变化情况。

(6) 改变电动机的转向。

将直流电动机电枢电源调至最小，将“转速/转矩设定”旋钮逆时针旋转到底，先断开电动机电枢电源，再断开励磁电源，使电动机停机；将电枢或励磁回路的两端接线对调后，再按前述启动电动机，观察电动机的转向及转速表的读数。

五、实验注意事项

（1）直流他励电动机启动时，必须将励磁电源调到最大，先接通励磁电源，使励磁电流最大，同时必须将电枢电源调至最小，然后方可接通电源，使电动机正常启动。启动后，将电枢电源调至 220 V，使电动机正常工作。

（2）直流他励电动机停机时，必须先切断电枢电源，然后断开励磁电源。同时，必须将电枢电源调到最小值，将励磁电源调到最大值，给下次启动做好准备。

（3）测量前，注意仪表的量程、极性和接法。

六、实验报告

（1）画出直流他励电动机电枢串联电阻启动的接线图。说明电动机启动时，电动机电枢电源和电动机励磁电源应如何调节？为什么？

（2）减小电枢电源，电动机的转速如何变化？减小励磁电源，其转速又如何变化？

（3）用什么方法可以改变直流电动机的转向？

（4）为什么要求直流并励电动机磁场回路的接线要牢靠？

1. 如何正确选择仪器仪表(特别是电压表、电流表)的量程？

2. 直流电动机启动时，励磁电源和电枢电源应如何调节？为什么？当励磁回路断开造成失磁时，会产生什么严重后果？

3. 简述直流电动机调速及改变转向的方法。

2.2 直流电动机

一、实验目的

(1) 掌握用实验方法测量直流他励电动机的工作特性和机械特性；

(2) 掌握直流电动机的调速方法。

二、实验要求

(1) 完成工作特性和机械特性测试。

保持$U=U_N$和$I_f=I_{fN}$不变，测量转速n、转矩T_2、$n=f(I_a)$及$n=f(T_2)$。

(2) 进行调速特性测试。

① 改变电枢电压调速。保持$U=U_N$，$I_f=I_{fN}=$常数，$T_2=$常数，测量$n=f(U)$。

② 改变励磁电流调速。保持$U=U_N$，$T_2=$常数，$R_1=0$，测量$n=f(I_f)$。

③ 观察能耗制动过程。

三、实验仪器设备

直流电动机电枢电源(NMEL－18/1)，直流电动机励磁电源(NMEL－18/2)，可调电阻箱(NMEL－03/4)，电机导轨及涡流测功机、转速转矩测量组件(NMEL－13)，开关(NMEL－05)，直流电压表、电流表，直流他励电动机M03。

四、实验内容及步骤

1. 直流他励电动机的工作特性和机械特性测试

实验线路如图2.2－1所示。其中，V、A分别为直流电压表(量程为300 V挡)、直流电流表(量程为2 A挡)。

(1) 将直流电动机励磁电源调至最大，直流电动机电枢电源调至最小。检查涡流测功机与NMEL－13是否相连，将NMEL－13“转速控制”和“转矩控制”选择开关拨向“转矩控制”，将“转速/转矩设定”旋钮逆时针旋转到底，使船形开关处于“ON”位置，按2.1小节实验的方法启动直流电动机，使电动机旋转，并调整电动机的旋转方向，使电动机正转。

(2) 直流电动机正常启动后，调节直流电动机电枢电源电压为交流220 V，再分别调节直流电动机励磁电源和“转速/转矩设定”旋钮，使电动机达到额定值：$U=U_N=220$ V，$I=I_N$，$n=n_N=1600$ r/min。此时，直流电动机的励磁电流$I_f=I_{fN}$(额定励磁电流)。

(3) 保持$U=U_N$，$I_f=I_{fN}$不变的条件下，逐次减小电动机的负载，即逆时针调节

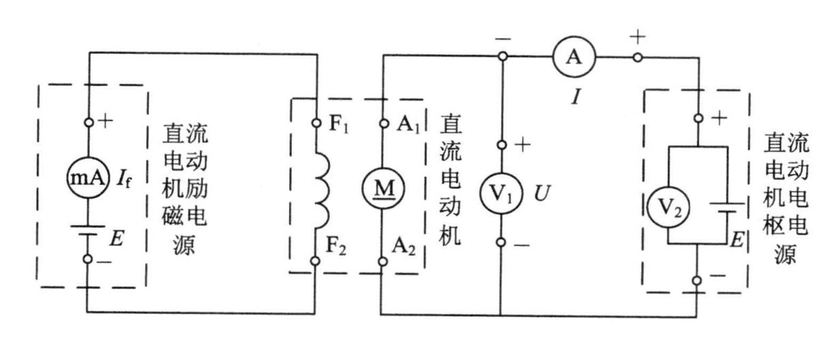

图 2.2－1　直流电动机接线图

“转速/转矩设定”旋钮，测量电动机电枢电流 I、转速 n 和转矩 T_2，并取数据 7～8 组填入表 2.2－1 中。

表 2.2－1　　$U=U_N=220$ V　　$I_f=I_{fN}=$　　　mA

实验数据	I/A								
	n/(r/min)								
	T_2/(N·m)								
计算数据	P_2/W								
	P_1/W								
	η/(%)								
	$\triangle n$/(%)								

2. 调速特性测试

(1) 改变电枢端电压的调速。

实验线路如图 2.2－1 所示。

① 按上述方法启动直流电动机后，同时调节“转速/转矩设定”旋钮、直流电动机电枢电压和直流电动机励磁电流，使电动机的 $U=U_N$，$I=0.5I_N$，$I_f=I_{fN}$，记录此时的转矩 $T_2=$______ N·m。

② 保持 T_2 及 $I_f=I_{fN}$ 不变，逐次降低电枢两端的电压 U，每次测量电压 U、转速 n 和电枢电流 I，并取 7～8 组数据填入表 2.2－2 中。

表 2.2－2　　$I_f=I_{fN}=$　　　mA，$T_2=$　　　N·m

U/V								
n/(r/min)								
I/A								

(2) 改变励磁电流的调速。

① 直流电动机启动后，将直流电动机励磁电流调至最大，调节直流电动机电枢电源为 220 V，调节“转速/转矩设定”旋钮，使电动机的 $U=U_N$，$I_a=0.5I_N$，记录此时的转矩 $T_2=$______ N·m。

② 保持 T_2 和 $U=U_N$ 不变，逐次减小直流电动机励磁电流，直至 $n=1.3n_N$，每次测量电动机的 n、I_f 和 I_a，并取 7～8 组数据填写入表 2.2-3 中。

表 2.2-3 $U=U_N=220$ V，$T_2=$ N·m

n/(r/min)								
I_f/A								
I_a/A								

(3) 能耗制动。

按照图 2.2-2 连接实验线路。图中 R_1 为可调电阻箱 NMEL-03/4 中的单相可调电阻，S_1 为双刀双掷开关(NMEL-05)。执行下列实验步骤：

① 将开关 S_1 合向电枢电源端，将电枢电源调至最小，将磁场电源调至最大，启动直流电机。

② 运行正常后，将开关 S_1 合向中间位置，使电枢开路，电动机处于自由停机，记录停机时间。

③ 重复启动电动机，待运转正常后，把 S_1 合向电阻 R_1 端，选择不同 R_1 阻值，观察对停机时间的影响，并记录停机时间。

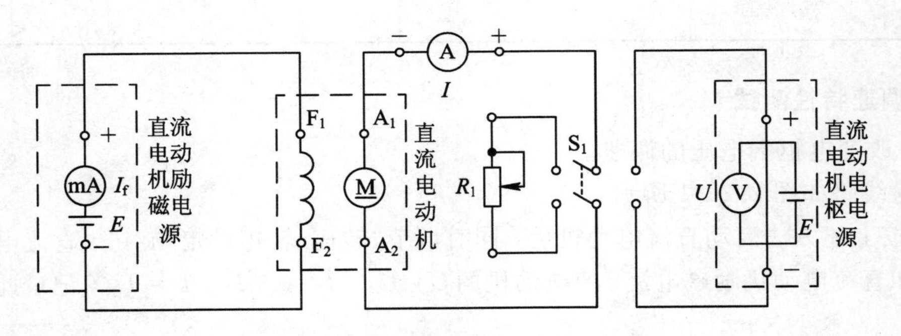

图 2.2-2 直流电动机能耗制动接线图

五、实验报告

(1) 由表 2.2-3 计算出 P_2 和 η，并绘制出 n、T_2、$\eta=f(I_a)$及 $n=f(T_2)$的特性曲线。

电动机输出功率为

$$P_2=0.105nT_2$$

式中，输出转矩 T_2的单位为 N·m，转速 n 的单位为 r/min。

电动机输入功率为

$$P_1 = UI$$

电动机效率为

$$\eta = \frac{P_2}{P_1} \times 100\%$$

由工作特性求出转速变化率为

$$\Delta n = \frac{n_O - n_N}{n_N} \times 100\%$$

(2) 绘制出他励电动机调速特性曲线 $n=f(U)$和 $n=f(I_f)$。分析在恒转矩负载时两种调速的电枢电流变化规律以及两种调速方法的优缺点。

(3) 能耗制动时间与制动电阻 R_1 的阻值有什么关系？为什么？该制动方法有什么缺点？

1. 什么是直流电动机的工作特性和机械特性？
2. 直流电动机的调速原理是什么？

2.3 单相变压器

一、实验目的

(1) 通过空载和短路实验测定变压器的变比和参数；

(2) 通过负载实验测定变压器的运行特性。

二、实验要求

(1) 进行空载实验：测定空载特性 $U_0=f(I_0)$，$P_0=f(U_0)$。

(2) 进行短路实验：测定短路特性 $U_K=f(I_K)$，$P_K=f(I_K)$。

(3) 进行负载实验：在保持 $U_1=U_{1N}$，$\cos\varphi_2=1$ 的条件下，测定 $U_2=f(I_2)$。

三、实验仪器设备

交流电压表、电流表、功率表、功率因数表，可调电阻箱(NMEL-03/4)，开关(NMEL-05)，单相变压器。

四、实验内容及步骤

1. 空载实验

实验线路如图 2.3-1 所示。实验时，变压器低压线圈 $2U_1$、$2U_2$ 接电源，高压线圈 $1U_1$、$1U_2$ 开路。

A、V_1、V_2 分别为交流电流表、交流电压表、交流电压表。其中，用一只电压表交替观察变压器的原、副边电压读数。

W 为功率表。接线时，需注意电压线圈和电流线圈的同名端，避免接错线。

(1) 未连接主电源前，应将调压器旋钮逆时针方向旋转到底，并合理选择各仪表量程。

(2) 合上交流电源总开关，即按下绿色"闭合"开关，顺时针调节调压器旋钮，使变压器空载电压 $U_0=1.2U_N$。

(3) 逐次降低电源电压，在 $1.2U_N\sim0.5U_N$ 的范围内测量变压器的 U_0、I_0、P_0，并取 6～7 组数据记录于表 2.3-1 中。其中，在 $U=U_N$ 时必须测量，并在该点附近应测量得密些。为了计算变压器的变化，在 U_N 以下测量原边电压的同时测量副边电压，并将数据填入表 2.3-1 中。

(4) 测量数据完成以后，断开三相电源，以便为下次实验做好准备。

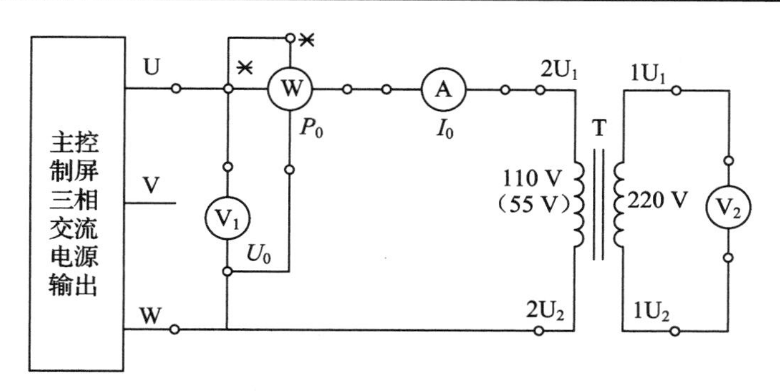

图 2.3－1　空载实验接线图

表 2.3－1

序　号	实　验　数　据				计算数据
	U_0/V	I_0/A	P_0/W	$U_{1U_1-1U_2}$	$\cos\varphi_2$
1					
2					
3					
4					
5					
6					
7					

2. 短路实验

实验线路如图 2.3－2 所示(每次改接线路都要关断电源)。实验时，变压器 T 的高压线圈接电源，低压线圈直接短路。

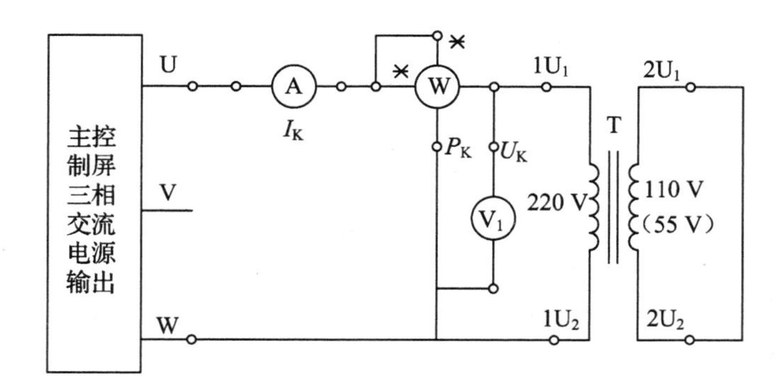

图 2.3－2　短路实验接线图

A、V_1、W 分别为交流电流表、电压表、功率表，选择方法同空载实验。

(1) 在未连接主电源前，将调压器调节旋钮逆时针旋转到底。

(2) 合上交流电源绿色“闭合”开关，接通交流电源，逐次增加输入电压，直到短路电流等于 $1.1I_N$ 为止。

在 $0.5I_N$～$1.1I_N$ 范围内测量变压器的 U_K、I_K、P_K，并取 6～7 组数据记录于表 2.3-2 中。其中，当 $I_K=I_N$ 时必须测。另外，还要记录实验时周围环境的温度(℃)。

表 2.3-2 室温 $\theta=$ ℃

序 号	实 验 数 据			计算数据
	U_K/V	I_K/A	P_K/W	$\cos\varphi_K$
1				
2				
3				
4				
5				
6				
7				

3. 负载实验

实验线路如图 2.3-3 所示。

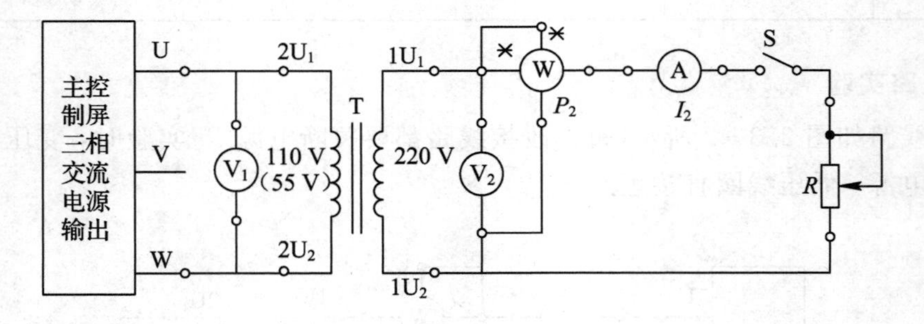

图 2.3-3 负载实验接线图

变压器 T 低压线圈接电源，高压线圈经过开关 S 接到负载电阻 R 上。R 选用 NMEL-03/4，开关 S 采用 NMEL-05 的双刀双掷开关，电压表、电流表、功率表(含功率因数表)的选择同空载实验。

(1) 在未连接主电源前，将调压器调节旋钮逆时针旋转到底，S 断开，负载电阻值调节到最大。

(2) 合上交流电源，逐渐升高电源电压，使变压器输入电压 $U_1=U_N$。

(3) 在保持 $U_1=U_N$ 的条件下，合下开关 S，逐渐增加负载电流，即减小负载电阻 R 的值，从空载到额定负载范围内，测量变压器的输出电压 U_2 和电流 I_2。

(4) 测量数据时，当 $I_2=0$ 和 $I_2=I_{2N}$ 时必须测量，并读取数据 6～7 组记录于表 2.3-3 中。

表 2.3-3　　$\cos\varphi_2=1\quad U_1=U_N$

序　号	1	2	3	4	5	6	7
U_2/V							
I_2/A							

五、实验注意事项

(1) 在变压器实验中，应注意电压表、电流表、功率表的合理布置。

(2) 短路实验操作要快，否则线圈发热会引起电阻变化。

六、实验报告

1. 计算变压器的变比

由空载实验测量变压器的原、副边电压的三组数据，分别计算出变比，然后取其平均值作为变压器的变比 K。

$$K=\frac{U_{1U_1-1U_2}}{U_{2U_1-2U_2}}$$

2. 绘出空载特性曲线和计算激磁参数

(1) 绘出空载特性曲线 $U_0=f(I_0)$，$P_0=f(U_0)$，$\cos\varphi_0=f(U_0)$。式中，$\cos\varphi_0=\dfrac{P_0}{U_0I_0}$。

(2) 计算激磁参数。

从空载特性曲线上查出对应于 $U_0=U_N$ 时的 I_0 和 P_0 值，然后通过下式计算出激磁参数：

$$r_m=\frac{P_0}{I_0^2},\quad Z_m=\frac{U_0}{I_0},\quad X_m=\sqrt{Z_m^2-r_m^2}$$

3. 绘出短路特性曲线和计算短路参数

(1) 绘出短路特性曲线 $U_K=f(I_K)$、$P_K=f(I_K)$、$\cos\varphi_K=f(I_K)$。

(2) 计算短路参数。

从短路特性曲线上查出对应于短路电流 $I_K=I_N$ 时的 U_K 和 P_K 值，由下式计算出实验环境温度为 θ(℃)时的短路参数。

$$Z'_K=\frac{U_K}{I_K},\quad r'_K=\frac{P_K}{I_K^2},\quad X'_K=\sqrt{Z'^2_K-r'^2_K}$$

折算到低压方

$$Z_K=\frac{Z'_K}{K^2},\ r_K=\frac{r'_K}{K^2},\ X_K=\frac{X'_K}{K^2}$$

式中，K 为变压器的变化。

由于短路电阻 r_K 随温度而变化，因此，计算出的短路电阻应按国家标准换算到基准工作温度 75℃时的阻值，即

$$r_{K75℃}=r_{K\theta}\frac{234.5+75}{234.5+\theta},\quad Z_{K75℃}=\sqrt{r_{K75℃}+X_K^2}$$

式中，234.5 为铜导线的常数，若用铝导线，则常数应改为 228。

阻抗电压为

$$U_K=\frac{I_N Z_{K75℃}}{U_N}\times 100\%,\quad U_{Kr}=\frac{I_N r_{K75℃}}{U_N}\times 100\%$$

$$U_{KX}=\frac{I_N X_K}{U_N}\times 100\%$$

$I_K=I_N$ 时的短路损耗为 $P_{KN}=I_N^2 r_{K75℃}$

4. 画出"Γ"型等效电路

5. 变压器的电压变化率 ΔU

绘出 $\cos\varphi_2=1$ 时的外特性曲线 $U_2=f(I_2)$，并由特性曲线计算出 $I_2=I_{2N}$ 时的电压变化率 ΔU，即

$$\Delta U=\frac{U_{20}-U_2}{U_{20}}\times 100\%$$

1. 变压器的空载实验和短路实验各有什么特点？实验中电源电压一般加在哪一方较合适？

2. 在空载实验和短路实验中，各种仪表应怎样连接才能使测量误差最小？

3. 如何用实验方法测定变压器的铁耗及铜耗？

2.4　三相变压器的连接组和不对称短路

一、实验目的

（1）掌握测定三相变压器的极性的实验方法；

（2）掌握判别变压器的连接组的实验方法；

（3）研究三相变压器不对称短路。

二、实验要求

（1）测定极性。

（2）连接并判定以下连接组。

① Y/Y－12；

② Y/Y－6；

③ Y/△－11；

④ Y/△－5。

（3）不对称短路。

① Y/Y_0－12 单相短路；

② Y/Y－12 两相短路。

三、实验仪器设备

交流电压表、电流表、功率表、功率因数表，可调电阻箱（NMEL－03/4），旋转指示灯及开关（NMEL－05），三相变压器。

四、实验内容及步骤

1. 测定极性

（1）测定相间极性。

① 按照图 2.4－1 接线，在 $1U_1$、$1U_2$ 间施加约 50％的额定电压，测出电压 $U_{1V_1-1V_2}$、$U_{1W_1-1W_2}$、$U_{1U_1-1W_1}$。若 $U_{1U_1-1W_1}=|U_{1V_1-1V_2}-U_{1W_1-1W_2}|$，则首末端标记正确；若 $U_{1U_1-1W_1}=|U_{1V_1-1V_2}+U_{1W_1-1W_2}|$，则首末端标记不对，此时必须将 V、W 两相任一相绕组的首末端标记对调。

② 用同样方法，在 V、W 两相任一相上施加电压，将另外两相末端相连，测定每相首末端正确的标记。

（2）测定原、副边极性。

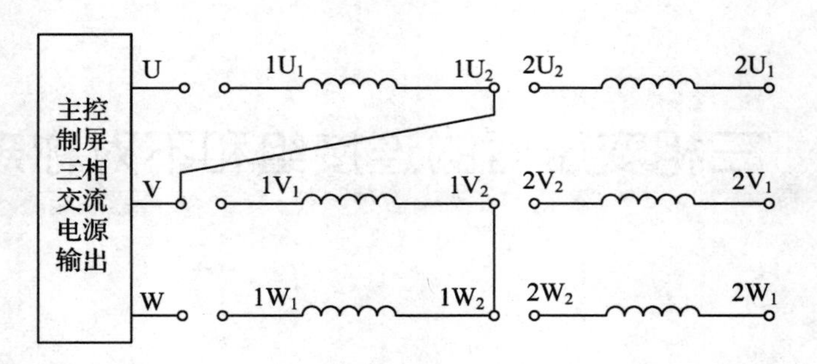

图 2.4-1　测定相间极性接线图

① 暂时标出三相低压绕组的标记 $2U_1$、$2V_1$、$2W_1$、$2U_2$、$2V_2$、$2W_2$，然后按照图 2.4-2 接线。原、副边用导线相连。

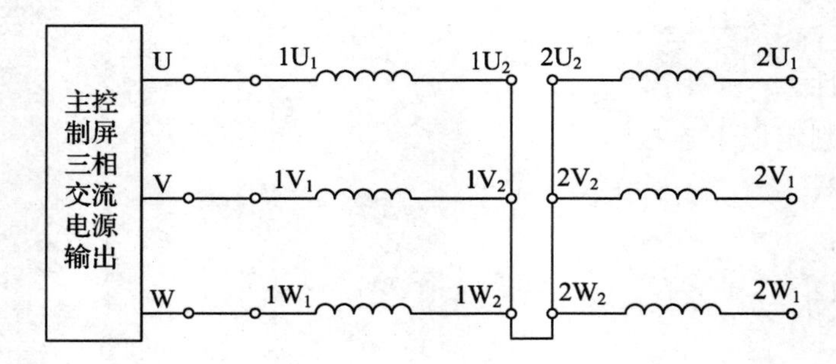

图 2.4-2　测定原、副边极性接线图

② 高压三相绕组施加约 50% 的额定电压，测出电压 $U_{1U_1-1U_2}$、$U_{1V_1-1V_2}$、$U_{1W_1-1W_2}$、$U_{2U_1-2U_2}$、$U_{2V_1-2V_2}$、$U_{2W_1-2W_2}$、$U_{1U_1-2U_1}$、$U_{1V_1-2V_1}$、$U_{2W_1-2W_1}$。若 $U_{1U_1-2U_1}=U_{1U_1-1U_2}-U_{2U_1-2U_2}$，则 U 相高、低压绕组同柱，并且首端 $1U_1$ 与 $2U_1$ 为同极性；若 $U_{1U_1-2U_1}=U_{1U_1-1U_2}+U_{2U_1-2U_2}$，则 $1U_1$ 与 $2U_1$ 端点为异极性。

③ 用同样的方法判别出 $1V_1$、$1W_1$ 两相原、副边的极性。高、低压三相绕组的极性确定后，根据要求连接出不同的连接组。

2. 检验连接组

(1) Y/Y-12 组别判定。

按照图 2.4-3(a)接线。$1U_1$、$2U_1$ 两端点用导线连接，在高压方施加三相对称的额定电压，测出 $U_{1U_1-1V_1}$、$U_{2U_1-2V_1}$、$U_{1V_1-2V_1}$、$U_{1W_1-2W_1}$ 及 $U_{1V_1-2W_1}$，并将数据记录于表 2.4-1 中。

根据 Y/Y-12 连接组的电动势相量图即图 2.4-3(b)，可知

$$U_{1V_1-2V_1}=U_{1W_1-2W_1}=(K_L-1)U_{2U_1-2V_1}$$

$$U_{1V_1-2W_1}=U_{2U_1-2V_1}\sqrt{(K_L^2-K_L+1)}$$

$$K_L=\frac{U_{1U_1-1V_1}}{U_{2U_1-2V_1}}$$

若用两式计算出的电压 $U_{1V_1-2V_1}$、$U_{1W_1-2W_1}$、$U_{1V_1-2W_1}$ 的数值与实验测量的数值相同，则表示线圈连接正常，属 Y/Y-12 连接组。

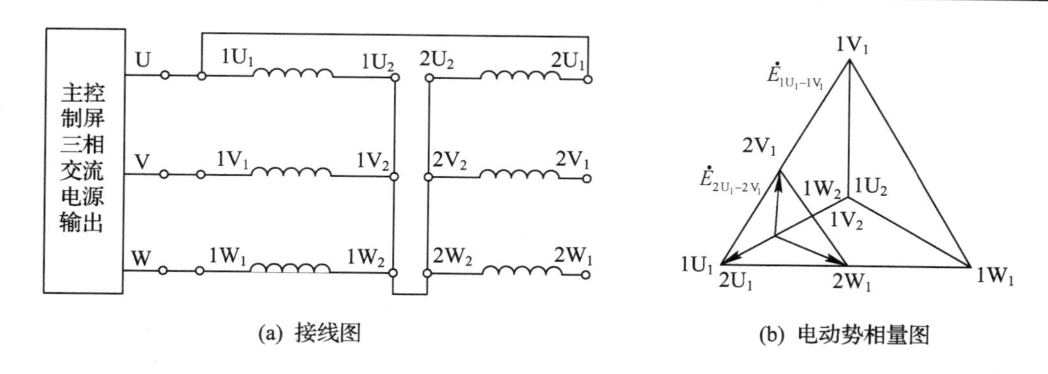

(a) 接线图　　(b) 电动势相量图

图 2.4－3　Y/Y－12 连接组

表 2.4－1

实　验　数　据					计　算　数　据			
$U_{1U_1-1V_1}$ /V	$U_{2U_1-2V_1}$ /V	$U_{1V_1-2V_1}$ /V	$U_{1W_1-2W_1}$ /V	$U_{1V_1-2W_1}$ /V	K_L	$U_{1V_1-2V_1}$ /V	$U_{1W_1-2W_1}$ /V	$U_{1V_1-2W_1}$ /V

(2) Y/Y－6 组别判定。

将 Y/Y－12 连接组的副边绕组的首、末端标记对调，$1U_1$、$2U_1$ 两点用导线相连，如图 2.4－4(a)所示。

按前面的方法测出电压 $U_{1U_1-1V_1}$、$U_{2U_1-2V_1}$、$U_{1V_1-2V_1}$、$U_{1W_1-2W_1}$ 及 $U_{1V_1-2W_1}$，并将数据记录于表 2.4－2 中。

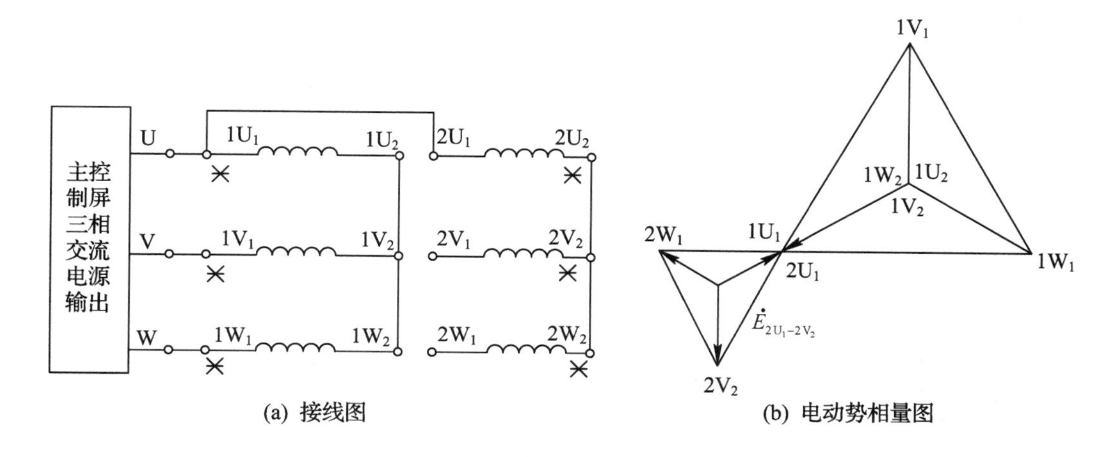

(a) 接线图　　(b) 电动势相量图

图 2.4－4　Y/Y－6 连接组

表 2.4-2

实验数据					计算数据			
$U_{1U_1-1V_1}$ /V	$U_{2U_1-2V_1}$ /V	$U_{1V_1-2V_1}$ /V	$U_{1W_1-2W_1}$ /V	$U_{1V_1-2W_1}$ /V	K_L	$U_{1V_1-2V_1}$ /V	$U_{1W_1-2W_1}$ /V	$U_{1V_1-2W_1}$ /V

根据 Y/Y-6 连接组的电动势相量图即图 2.4-4(b)，可得

$$U_{1V_1-2V_1}=U_{1W_1-2W_1}=(K_L+1)U_{2U_1-2V_1}$$

$$U_{1V_1-2W_1}=U_{2U_1-2V_1}\sqrt{(K_L^2+K_L+1)}$$

若由上两式计算出电压 $U_{1V_1-2V_1}$、$U_{1W_1-2W_1}$、$U_{1V_1-2W_1}$ 的数值与实测相同，则线圈连接正确，属于 Y/Y-6 连接组。

(3) Y/△-11 组别判定。

按图 2.4-5(a)接线。$1U_1$、$2U_1$ 两端点用导线相连，高压方施加对称额定电压，测量 $U_{1U_1-1V_1}$、$U_{2U_1-2V_1}$、$U_{1V_1-2V_1}$、$U_{1W_1-2W_1}$ 及 $U_{1V_1-2W_1}$，并将数据记录于表 2.4-3 中。

表 2.4-3

实验数据					计算数据			
$U_{1U_1-1V_1}$ /V	$U_{2U_1-2V_1}$ /V	$U_{1V_1-2V_1}$ /V	$U_{1W_1-2W_1}$ /V	$U_{1V_1-2W_1}$ /V	K_L	$U_{1V_1-2V_1}$ /V	$U_{1W_1-2W_1}$ /V	$U_{1V_1-2W_1}$ /V

根据 Y/△-11 连接组的电动势相量图即图 2.4-5(b)，可得

$$U_{1V_1-2V_1}=U_{1W_1-2W_1}=U_{1V_1-2W_1}=U_{2U_1-2V_1}\sqrt{K_L^2-\sqrt{3}K_L+1}$$

若由上式计算出的电压 $U_{1V_1-2V_1}$、$U_{1W_1-2W_1}$、$U_{1V_1-2W_1}$ 的数值与实测值相同，则线圈连接正确，属 Y/△-11 连接组。

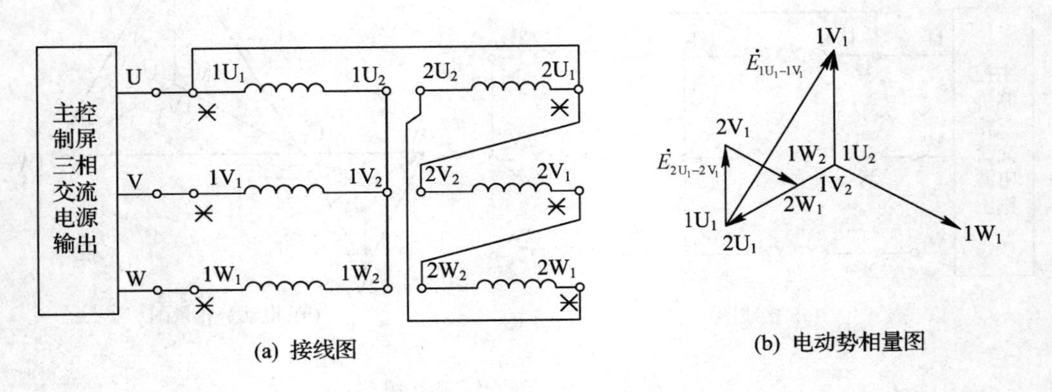

图 2.4-5 Y/△-11 连接组

(4) Y/△-5 组别判定。

将 Y/△-11 连接组的副边线圈首、末端的标记对调，如图 2.4-6(a)所示。实验方法同前，测量 $U_{1U_1-1V_1}$、$U_{2U_1-2V_1}$、$U_{1V_1-2V_1}$、$U_{1W_1-2W_1}$、$U_{1V_1-2W_1}$，并将数据记录于表 2.4-4 中。

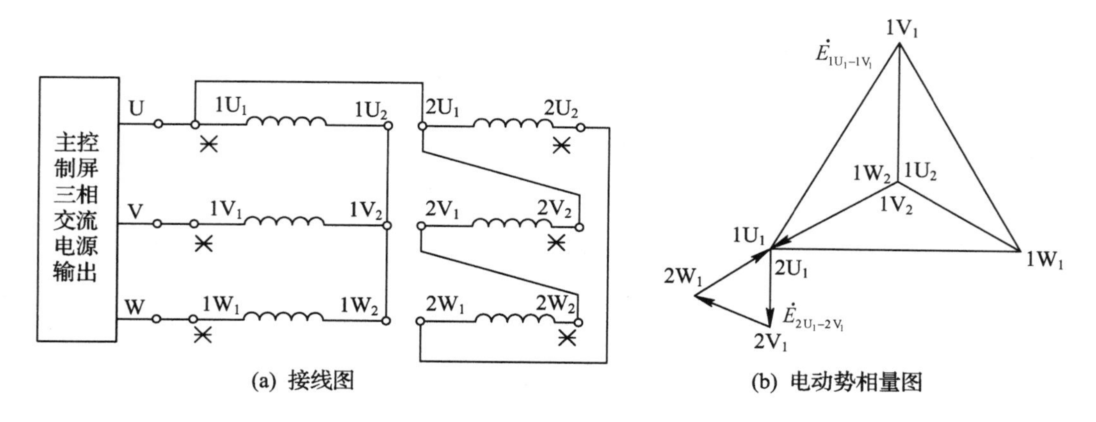

图 2.4-6　Y/△-5 连接组

表 2.4-4

实验数据					计算数据			
$U_{1U_1-1V_1}$ /V	$U_{2U_1-2V_1}$ /V	$U_{1V_1-2V_1}$ /V	$U_{1W_1-2W_1}$ /V	$U_{1V_1-2W_1}$ /V	K_L	$U_{1V_1-2V_1}$ /V	$U_{1W_1-2W_1}$ /V	$U_{1V_1-2W_1}$ /V

根据 Y/△-5 连接组的电动势相量图即图 2.4-6(b)，可得

$$U_{1V_1-2V_1}=U_{1W_1-2W_1}=U_{1V_1-2W_1}=U_{2U_1-2V_1}\sqrt{K_L^2+\sqrt{3}K_L+1}$$

若由上式计算出的电压 $U_{1V_1-2V_1}$、$U_{1W_1-2W_1}$、$U_{1V_1-2W_1}$ 的数值与实测值相同，则线圈连接正确，属于 Y/△-5 连接组。

3. 不对称短路测试

(1) Y/Y$_0$ 连接单相短路测试。

实验线路如图 2.4-7 所示。被试变压器选用三相芯式变压器。接通电源前，先将交流电压调到输出电压为零的位置。然后，接通电源，逐渐增加外加电压，直至副边短路电流 $I_{2K}\approx I_{2N}$ 为止，测量副边短路电流 I_{2K} 和相电压 U_{2U_1}、U_{2V_1}、U_{2W_1}，以及原边电流 I_{1U_1}、I_{1V_1}、I_{1W_1} 和电压 U_{1U_1}、U_{1V_1}、U_{1W_1}、$U_{1U_1-1V_1}$、$U_{1V_1-1W_1}$、$U_{1W_1-1U_1}$，并将数据记录于表 2.4-5 中。

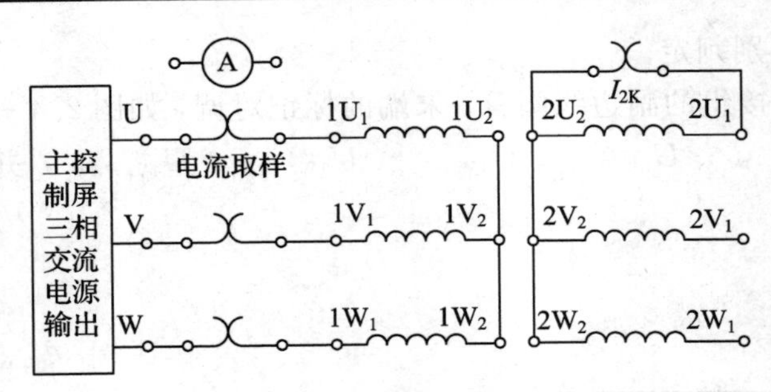

图 2.4-7　Y/Y_0 连接单相短路接线图

表 2.4-5

I_{2K}/A	U_{2U_1}/V	U_{2V_1}/V	U_{2W_1}/V	I_{1U_1}/A	I_{1V_1}/A	I_{1W_1}/A
U_{1U_1}/V	U_{1V_1}/V	U_{1W_1}/V	$U_{1U_1-1V_1}$/V	$U_{1V_1-1W_1}$/V	$U_{1W_1-1U_1}$/V	

(2) Y/Y 连接两相短路测试。

实验线路如图 2.4-8 所示。接通三相变压器电源前，先将电压调至零，然后，接通电源，逐渐增加外加电压，直至 $I_{2K} \approx I_{2N}$ 为止，测量变压器原、副边电流和相电压，即 I_{2K}、U_{2U_1}、U_{2V_1}、U_{2W_1}、I_{1U_1}、I_{1V_1}、I_{1W_1}、U_{1U_1}、U_{1V_1}、U_{1W_1}，并将数据记录于表 2.4-6 中。

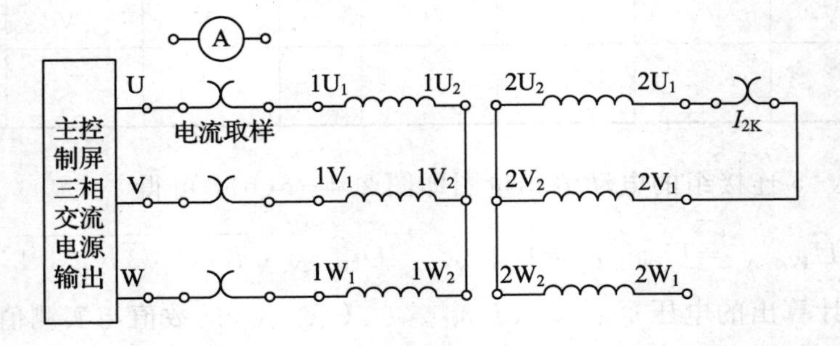

图 2.4-8　Y/Y 连接两相短路接线图

表 2.4-6

I_{2K}/A	U_{2U_1}/V	U_{2V_1}/V	U_{2W_1}/V	I_{1U_1}/A
I_{1V_1}/A	I_{1W_1}/A	U_{1U_1}/V	U_{1V_1}/V	U_{1W_1}/V

变压器连接组校核公式详见表 2.4－7 所示。

表 2.4－7　（设：$U_{3U_1.3V_1}=1$，$U_{1U_1.1V_1}=K_L U_{3U_1.3V_1}=K_L$）

组别	$U_{1V_1 3V_1}=U_{1W_1 3W_1}$	$U_{1V_1 3W_1}$	$U_{1V_1 3W_1}/U_{1V_1 3V_1}$
1	$\sqrt{K_L^2-\sqrt{3}K_L+1}$	$\sqrt{K_L^2+1}$	>1
2	$\sqrt{K_L^2-K_L+1}$	$\sqrt{K_L^2+K_L+1}$	>1
3	$\sqrt{K_L^2+1}$	$\sqrt{K_L^2+\sqrt{3}K_L+1}$	>1
4	$\sqrt{K_L^2+K_L+1}$	K_L+1	>1
5	$\sqrt{K_L^2+\sqrt{3}K_L+1}$	$\sqrt{K_L^2+\sqrt{3}K_L+1}$	$=1$
6	K_L+1	$\sqrt{K_L^2+K_L+1}$	<1
7	$\sqrt{K_L^2-\sqrt{3}K_L+1}$	$\sqrt{K_L^2+1}$	<1
8	$\sqrt{K_L^2+K_L+1}$	$\sqrt{K_L^2-K_L+1}$	<1
9	$\sqrt{K_L^2+1}$	$\sqrt{K_L^2-\sqrt{3}K_L+1}$	<1
10	$\sqrt{K_L^2-K_L+1}$	K_L-1	<1
11	$\sqrt{K_L^2-\sqrt{3}K_L+1}$	$\sqrt{K_L^2-\sqrt{3}K_L+1}$	$=1$
12	K_L-1	$\sqrt{K_L^2-K_L+1}$	>1

五、实验报告

（1）计算出不同连接组时的 $U_{1V_1.2V_1}$、$U_{1W_1.2W_1}$、$U_{1V_1.2W_1}$ 的数值，并将它们与实测值进行比较，判别绕组连接是否正确。

（2）计算短路情况下的变压器原边电流。

① Y/Y_0 单相短路。

副边电流为

$$\dot{I}_{3U_1}=\dot{I}_{2K},\quad \dot{I}_{3V_1}=\dot{I}_{2W_1}=0$$

原边电流，不计激磁电流，则

$$\dot{I}_{1U_1}=-\frac{2\dot{I}_{2K}}{3K},\quad \dot{I}_{1V_1}=\dot{I}_{1W_1}=\frac{\dot{I}_{2K}}{3K}$$

式中，K 为变压器的变比。

将 I_{1U_1}、I_{1V_1}、I_{1W_1} 的计算值与实测值进行比较，分析产生误差的原因，并讨论 Y/Y_0 三相芯式变压器带单相负载的能力以及中点移动的原因。

② Y/Y 两相短路。

副边电流为

$$\dot{I}_{3U_1}=-\dot{I}_{3V_1}=\dot{I}_{2K},\quad \dot{I}_{3W_1}=0$$

原边电流为

$$\dot{I}_{1U_1}=-\dot{I}_{1V_1}=-\frac{\dot{I}_{2K}}{K},\quad \dot{I}_{1W_1}=0$$

将 I_{1U_1}、I_{1V_1}、I_{1W_1} 的计算值与实测值进行比较，分析产生误差的原因，并讨论Y/△带单相负载是否有中点移动的现象？为什么？

(3) 分析不同连接法对三相变压器空载电流的影响。

(4) 由实验数据计算出 Y/Y 和 Y/△接法时的原边 $U_{1U_1-1V_1}/U_{1U_1}$ 的比值，分析产生差别的原因。

思考题

1. 简述连接组的定义。为什么要研究连接组？国家规定的标准连接组有哪几种？

2. 如何把 Y/Y－12 连接组改成 Y/Y－6 连接组？又如何把 Y/△－11 改为 Y/△－5 连接组？

3. 在不对称短路情况下，哪种连接的三相变压器电压中点偏移较大？

2.5　直流他励电动机的机械特性

一、实验目的

了解直流他励电动机的各种运转状态时的机械特性。

二、实验要求

(1) 电动及回馈制动特性测试。

(2) 电动及反接制动特性测试。

(3) 能耗制动特性测试。

三、实验仪器设备

电动机导轨及转速表，可调电阻(NMEL－03/4)，开关板(NMEL－05)，直流电压表、电流表、毫安表，直流电动机电枢电源(NMEL－18/1)，直流电动机励磁电源(NMEL－18/2)，直流发电机励磁电源(NMEL－18/3)。

四、实验内容及步骤

1. 电动及回馈制动特性测试

实验接线图如图 2.5－1 所示。图中，M 为直流电动机 M01，作电动机使用(接成他励方式)；G 为直流发电机 M03(接成他励方式)，$U_N=220$ V，$I_N=1.1$ A，$n_N=1600$ r/min；V 为直流电压表，量程为 300 V；A 为直流电流表，量程为 5 A；R_1 为采用 NMEL－03/4 中 R_2 的两组电阻并联再与 R_3 的两组电阻并联相串联；S_1、S_2 为开关，选用 NMEL－05B 中的双刀双掷开关。

按照图 2.5－1 接线，在开启电源前，检查开关、电阻等的设置。

(1) 将开关 S_1 合向“2”端，S_2 合向“3”端。

(2) 将 R_1 阻值调至最大位置，直流发电机励磁电源、直流电动机励磁电源调至最大，直流电动机电枢电源调至最小。

(3) 直流电动机励磁电源船形开关、直流发电机励磁电源船形开关和直流电动机电枢电源船形开关都必须处在断开位置。

实验步骤如下：

(1) 按次序先按下绿色“闭合”电源开关，再合上直流电动机励磁电源船形开关、直流发电机励磁电源船形开关和直流电动机电枢电源船形开关，使直流电动机 M 启动运转，调节直流电动机电枢电源，使 $U_N=220$ V。

(2) 分别调节直流电动机 M 的励磁电源、直流发电机 G 的励磁电源、负载电阻 R_1，使直流电动机 M 的转速 $n_N=1600$ r/min，$I_f+I_a=I_N=0.55$ A，其中 I_a 为 M 的能耗制动电流，此时 $I_f=I_{fN}$，记录此值。

(3) 保持电动机的 $U=U_N=220$ V，$I_f=I_{fN}$ 不变，改变 R_1 及直流发电机励磁电源，测量电动机 M 在额定负载至空载范围的 n、I_a，并取 5～6 组数据填入表 2.5-1 中。

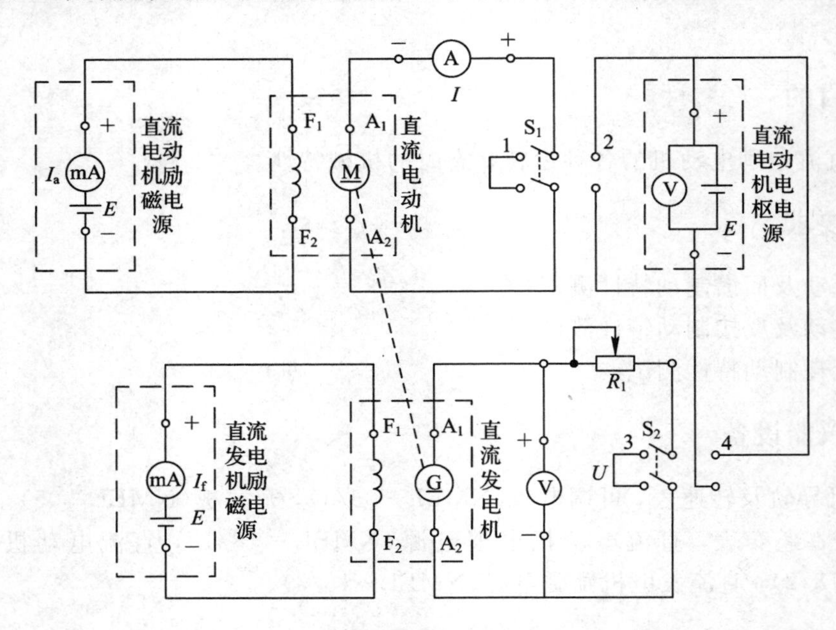

图 2.5-1　直流他励电动机机械特性接线图 1

表 2.5-1　　　　$U_N=220$ V　　　　$I_{fN}=$　　　A

I_a/A						
n/(r/min)						

(4) 拆掉开关 S_2 的短接线，调节直流发电机励磁电源，使直流发电机 G 的空载电压达到最大(不超过 220 V)，并且极性与直流电动机电枢电源电压相同。

(5) 保持电枢电源电压 $U=U_N=220$ V，$I_f=I_{fN}$，把开关 S_2 合向“4”端，把 R_1 值减小至零，再调节直流发电机励磁电源，使励磁电流逐渐减小，使直流电动机 M 的转速升高。当 A 表的电流值为 0 A 时，电动机转速为理想空载转速，继续减小直流发电机励磁电流，则直流电动机进入第二象限回馈制动状态，运行直至电流接近 $0.8I_N$ 为止(实验中，应注意电动机转速不超过 2100 r/min)。

测量直流电动机 M 的 n、I_a，并取 5～6 组数据填入表 2.5-2 中。

表 2.5-2　　　　$U_N=220$ V　　　　$I_{fN}=$　　　A

I_a/A						
n/(r/min)						

因为 $T_a = CM\varphi I_a$，而 $CM\varphi$ 为常数，故 $T \propto I_a$。为简便起见，只绘制 $n = f(I_a)$ 特性，如图 2.5－2 所示。

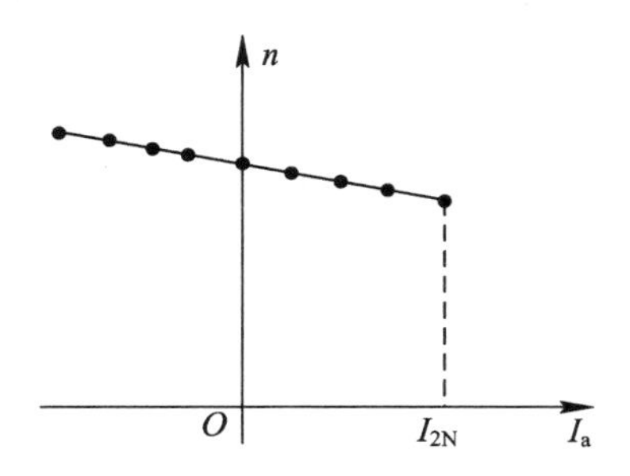

图 2.5－2　直流他励电动机的电动及回馈制动特性

2. 电动及反接制动特性测试

实验接线图如图 2.5－3 所示。

(1) R_2 为 NMEL－03/4 中的 900 Ω 电阻，R_1 为 NMEL－03/4 中的 R_2 的两组电阻并联。

(2) S_1 合向"2"端，S_2 合向"3"端(短接线拆掉)，把直流发电机 G 励磁电源的两个插头对调。

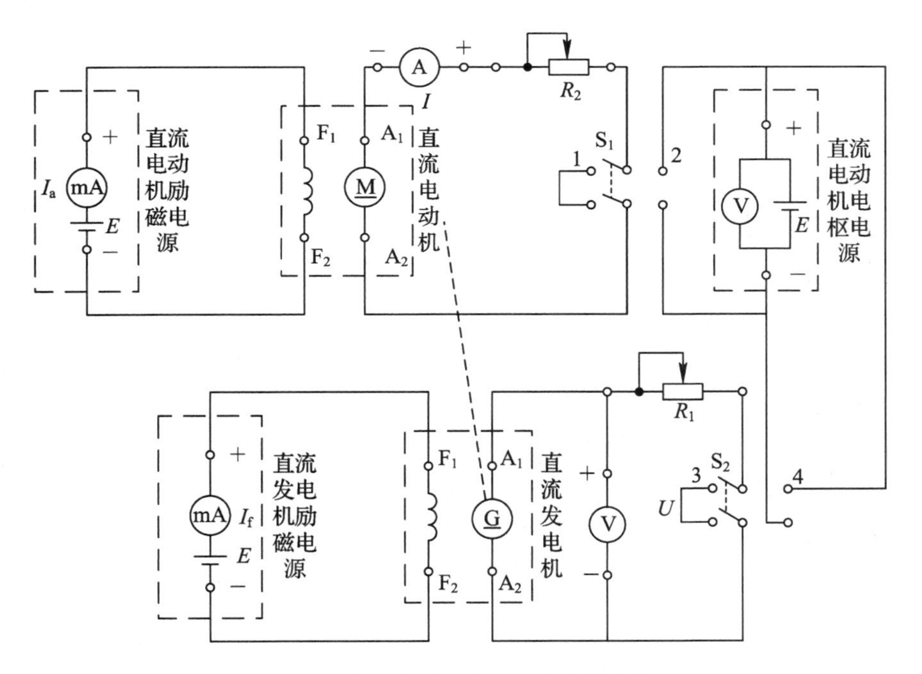

图 2.5－3　直流他励电动机机械特性接线图 2

实验步骤如下：

(1) 在未连接电源前，将直流发电机励磁电源及直流电动机励磁电源调至最大值，将直流电动机电枢电源调至最小值，R_2 置于最大值。

(2) 按前述方法启动直流电动机，测量直流发电机 G 的空载电压是否和直流稳压电源极性相反。若极性相反，则可把 S_2 合向"4"端。

(3) 调节直流电动机电枢电源电压 $U=U_N=220$ V，调节直流电动机励磁电源使 $I_f=I_{fN}$，保持以上值不变，逐渐减小 R_1 阻值，电动机减速直至为零。继续减小 R_1 阻值，此时电动机工作于反接制动状态运行(第四象限)。

(4) 再减小 R_2 阻值，直至电动机 M 的电流接近 0.4 I_N，测量电动机在第一象限和第四象限的 n、I_a，并取 5～6 组数据记录于表 2.5-3 中。

表 2.5-3　　$R_2=900\ \Omega$　　$U_N=220$ V　　$I_{fN}=$　　A

I_a/A						
n/(r/min)						

为简便起见，只绘制 $n=f(I_a)$特性，如图 2.5-4 所示。

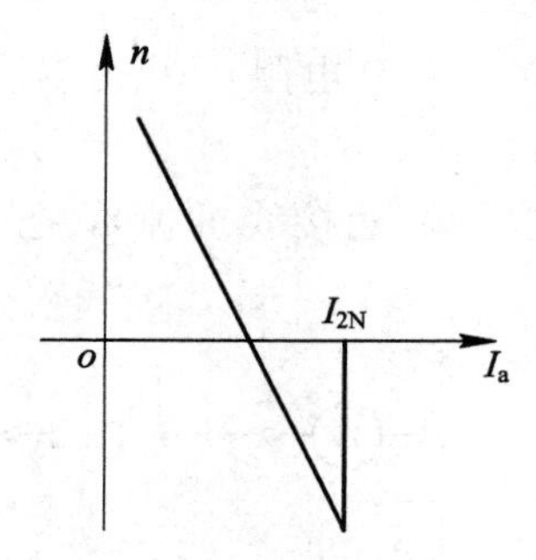

图 2.5-4　直流他励电动机电动及反接制动特性

3. 能耗制动特性测试

接线图如图 2.5-3 所示，R_1 用 NMEL-03/4 中的 R_2 两组电阻并联，R_2 用 NMEL-03/4 中的 R_3 两组电阻并联。

操作前，把 S_1 合向"1"端，将直流发电机励磁电源及直流电动机励磁电源调至最大值，直流电动机电枢电源调至最小值，R_1 置于 360 Ω，R_2 置于 300 Ω，S_2 合向"4"端。

按前述方法启动直流发电机 G(此时作电动机使用)，调节直流电动机电枢电源使 $U=U_N=220$ V，调节直流电动机励磁电源使电动机 M 的 $I_f=I_{fN}$，调节直流发电机励磁电源使发电机 G 的 $I_f=80$ mA，调节 R_2 并先使 R_2 阻值减小，使电动机 M 的能耗制动电流 I_a 接近 0.4 I_{aN}，并将测量数据记录于表 2.5-4 中。

表 2.5-4　　$R_2=360\ \Omega$　　$I_{fN}=$　　mA

I_a/A						
n/(r/min)						

调节 R_1 至 180 Ω，重复上述实验步骤，测量 I_a、n，并取 6～7 组数据记录于表 2.5-5 中。

表 2.5-5　　　　$R_2=180\ \Omega$　　　　$I_{fN}=$　　　　mA

I_a/A							
n/(r/min)							

当忽略不变损耗时，可近似为电动机轴上的输出转矩等于电动机的电磁转矩 $T=CM\Phi I_a$，他励电动机在磁通 Φ 不变的情况下，其机械特性可以由曲线 $n=f(I_a)$ 来描述。画出以上两条能耗制动特性曲线 $n=f(I_a)$，如图 2.5-5 所示。

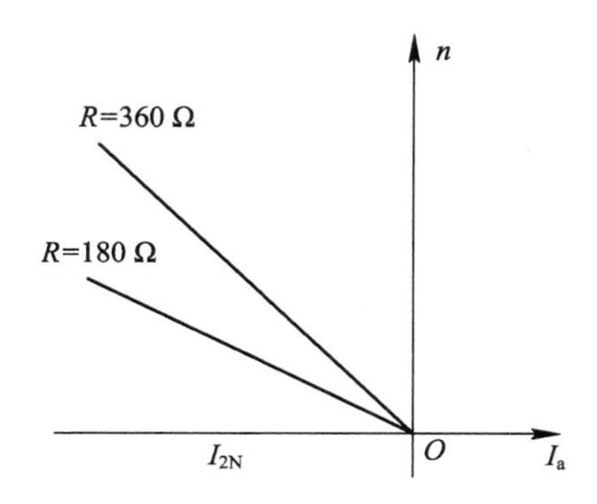

图 2.5-5　直流他励电动机能耗制动特性

五、实验注意事项

调节串并联电阻时，要按电流的大小而相应调节串联或并联电阻，防止电阻过流烧毁熔断丝。

六、实验报告

(1) 用方格纸如实记录各步骤图像，与测试表格一起填写实验报告。

(2) 完成课后思考题。

1. 改变直流他励电动机的机械特性有哪些方法?

2. 直流他励电动机在什么情况下从电动机运行状态进入回馈制动状态? 直流他励电动机回馈制动时，能量传递关系、电动势平衡方程式及机械特性又是什么情况?

3. 直流他励电动机反接制动时，能量传递关系、电动势平衡方程式及机械特性是什么情况?

2.6 三相异步电动机在三种运行状态下的机械特性

一、实验目的

了解三相绕线式异步电动机在三种运行状态下的机械特性。

二、实验要求

(1) 测定三相绕线式异步电动机在电动运行状态和再生发电制动状态下的机械特性。

(2) 测定三相绕线式异步电动机在反接制动运行状态下的机械特性。

三、实验仪器设备

电机导轨及涡流测功机、转矩转速测量组件(NMEL－13)，直流电压表、电流表、毫安表，可调电阻箱(NMEL－03/4)，直流电动机电枢电源(NMEL－18/1)，直流电动机励磁电源(NMEL－18/2)，开关板(NMEL－05)，三相绕线式异步电动机M09，直流并励电动机M03。

四、实验方法及步骤

实验线路如图2.6－1所示。图中，M为三相绕线式异步电动机M09，额定电压U_N＝220 V，Y接法；G为直流并励电动机M03(他励接法)，其U_N＝220 V，P_N＝185 W；R_S为NMEL－03/4中绕线电机启动电阻；R_1为NMEL－03/4中三相可调电阻的两组串并联；S为NMEL－05B中的双刀双掷开关。

1. 三相绕线式异步电动机电动及再生发电制动状态下的机械特性测试

仪表量程及开关、电阻的选择：

(1) V_2的量程为300 V挡，A_2的量程为2 A挡。

(2) R_S阻值调至零，R_1阻值调至最大。

(3) 开关S合向“1”端。

(4) 三相调压旋钮逆时针旋转到底，直流电动机励磁电源船形开关和220 V直流稳压电源船形开关置于断开位置。并且，将直流稳压电源调节旋钮逆时针旋转到底，使电压输出最小。

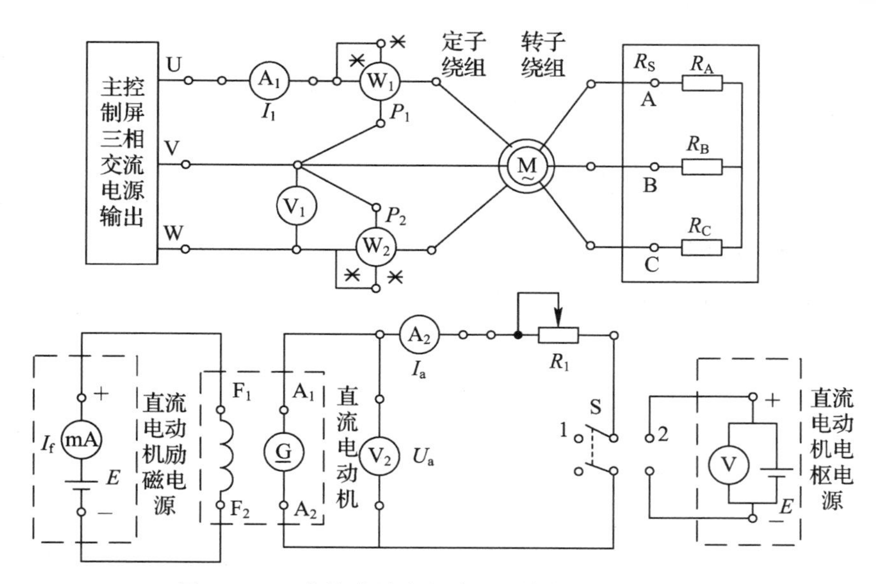

图 2.6-1　绕线式异步电动机机械特性实验接线图

实验步骤如下：

(1) 按下绿色“闭合”开关，接通三相交流电源，调节三相交流电压输出为 180 V(注意观察电动机转向是否符合要求)，并在以后的实验中保持不变。

(2) 接通直流电动机励磁电源，调节直流电动机励磁电源使 $I_f = 95$ mA 并保持不变。接通直流电动机电枢电源，在开关 S 的“1”端测量直流电动机 G 的输出电压极性，先使其极性与 S 开关“2”端的电枢电源相反。在 R_1 为最大值的条件下，将 S 合向“2”端。

(3) 调节直流电动机电枢电源和 R_1 的阻值，使电动机从空载到接近于 1.2 倍额定状态，其间测量直流电动机 G 的 U_a、I_a、n 的值及记录异步电动机 M 的交流电流表 A_1、功率表 W_1、W_2 的读数，并取 7～8 组数据记录于表 2.6-1 中。

表 2.6-1　　$U = 200$ V　　$R_S = 0$ Ω　　$I_f = 95$ mA

U_a/V								
I_a/A								
n/(r/min)								
I_1/A								
P_1/W								
P_2/W								

(4) 当异步电动机 M 接近空载而转速不能调高时，将 S 合向“1”位置，调换直流电动机 G 的电枢极性使其与“直流稳压电源”同极性，调节直流稳压电源的电压值，使其与 G 的电压值接近相等，将 S 合至“2”端，减小 R_1 阻值直至为零。

(5) 升高直流稳压电源电压，使异步电动机 M 的转速上升。当异步电动机转速为同步转速时，异步电动机功率接近于 0。继续调高电枢电压，则异步电动机从第一象限进入第二象限再生发电制动状态，直至异步电动机 M 的电流接近额定值为止，测量异步电动机 M 的定子电流 I_1、功率 P_1、P_2、转速 n，直流电动机 G 的电枢电流 I_a、电压 U_a，并将数据填入表 2.6-2 中。

表 2.6-2 U=200 V I_f=95 mA

U_a/V								
I_a/A								
n/(r/min)								
I_1/A								
P_1/W								
P_2/W								

2. 三相绕线式异步电动机在电动及反接制动运行状态下的机械特性测试

在断电的条件下，把 R_S 的三只可调电阻调至 15 Ω，调节 R_1 阻值至最大，将直流电动机 G 接到开关 S 上的两个接线端对调，使直流电动机输出电压极性和“直流稳压电源”极性相反，开关 S 合向左边，逆时针调节可调直流稳压电源调节旋钮到底。

(1) 按下绿色“闭合”按钮开关，调节交流电源输出为 200 V，合上励磁电源船形开关，调节直流电动机励磁电源，使 I_f=95mA。

(2) 按下直流电动机电枢电源船形开关，启动直流稳压电源，将开关 S 合向左边，让异步电动机 M 带负载运行，减小 R_1 阻值，使异步电动机转速下降，直至为零。

(3) 继续减小 R_1 阻值或调低电枢电压值，异步电动机即进入反向运转状态，直至其电流接近额定值。测量直流电动机 G 的电枢电流 I_a、电压 U_a 值和异步电动机 M 的定子电流 I_1、功率 P_1、P_2、转速 n，并取 7～8 组数据填入表 2.6-3 中。

表 2.6-3 U=200 V I_f=95 mA

U_a/V								
I_a/A								
n/(r/min)								
I_1/A								
P_1/W								
P_2/W								

五、实验报告

根据实验数据绘出三相绕线式异步电动机在三种运行状态下的机械特性。

1. 如何利用现有设备测定三相绕线式异步电动机的机械特性。
2. 测定各种运行状态下的机械特性应注意哪些问题?
3. 如何根据所测得的数据计算被测试电动机在各种运行状态下的机械特性?

2.7 三相鼠笼式异步电动机的工作特性

一、实验目的

(1) 掌握三相异步电动机的空载、短路和负载实验的方法；
(2) 用直接负载法测量三相鼠笼式异步电动机的工作特性；
(3) 测定三相鼠笼式异步电动机的参数。

二、实验要求

(1) 测量定子绕组的冷态直流电阻。
(2) 判定定子绕组的首末端。
(3) 进行空载实验。
(4) 进行短路实验。
(5) 进行负载实验。

三、实验仪器设备

直流电动机电枢电源(NMEL－18/1)，电机导轨及涡流测功机、转矩转速测量组件(NMEL－13)，交流电压表、电流表、功率表、功率因数表，直流电压表、电流表，可调电阻箱(NMEL－03/4)，开关(NMEL－05)，三相鼠笼式异步电动机 M04。

四、实验内容及步骤

1. 测量定子绕组的冷态直流电阻

将电动机放置在室内一段时间，用温度计测量电动机绕组端部或铁芯的温度。当所测温度与冷动介质温度之差不超过 2K 时，即为实际冷态。记录此时的温度并测量定子绕组的直流电阻，此阻值即为冷态直流电阻。

(1) 伏安法。

实验测量线路如图 2.7－1 所示。

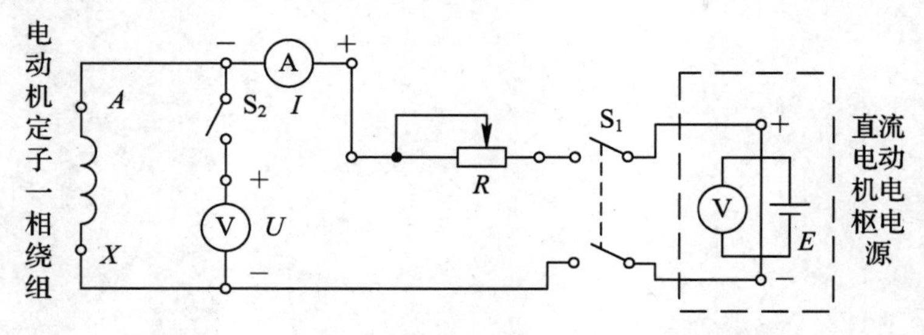

图 2.7－1 定子绕组的冷态直流电阻测定接线图

图 2.7－1 中，S_1、S_2 分别为双刀双掷和单刀双掷开关（NMEL－05）；R 为 NMEL－03/4 中的 R_1 电阻；A、V 分别为直流电流表和直流电压表。

量程的选择：测量时，通过的电流约为电机额定电流的 10%，即为 50 mA，因而直流电流表的量程用 2 A 挡。三相鼠笼式异步电动机定子一相绕组的电阻约为 50 Ω，因而当流过的电流为 50 mA 时，电压约为 2.5 V，所以直流电压表量程用 20 V 挡。实验开始前，合上开关 S_1，断开开关 S_2，调节电阻 R 至最大。

按下绿色“闭合”开关，合上直流电动机电枢电源的船形开关。调节直流电动机电枢电源及可调电阻 R，使实验电动机电流不超过电动机额定电流的 10%，以防止因实验电流过大而引起绕组的温度上升。读取电流值，再接通开关 S_2 读取电压值。然后，打开开关 S_2，再打开开关 S_1。

调节 R，使直流电流表分别为 50 mA、40 mA、30 mA，测取三次，取其平均值，再测量定子三相绕组的电阻值，并将数据记录于表 2.7－1 中。

表 2.7－1　　　　室温__________℃

	绕组 Ⅰ			绕组 Ⅱ			绕组 Ⅲ		
I/mA									
U/V									
R/Ω									

注意事项：① 在测量时，电动机的转子必须静止不动。② 测量通电时间不应超过 1 分钟。

（2）电桥法（选做）。

用单臂电桥测量电阻时，应先将刻度盘旋转到电桥能大致平衡的位置，然后按下电池按钮，接通电源，等电桥中的电源达到稳定后，方可按下检流计按钮接入检流计。测量完毕后，应先断开检流计，再断开电源，以免检流计受到冲击。记录数据于表 2.7－2 中。

电桥法测定定子绕组冷态直流电阻的准确度和灵敏度高，且具有直接读数的优点。

表 2.7－2

	绕组 Ⅰ	绕组 Ⅱ	绕组 Ⅲ
R/Ω			

2. 判定定子绕组的首末端

先用万用表测出各相绕组的两个线端，将其中的任意两相绕组串联，如图 2.7－2 所示。将调压器调压旋钮退至零位，按下绿色“闭合”开关，接通交流电源。调节交流电源，在绕组端施以单相低电压 U＝80～100 V，此时应注意电流不应超过额定值，然后测出第三相绕组的电压。如果测得的电压有一定读数，则表示两相绕组的末端与首端相连，如图 2.7－2(a)所示；反之，如果测得电压近似为零，则两相绕组的末端与末端(或首端与首端)相连，如图 2.7－2(b)所示。然后，用同样方法测出第三相绕组的首末端。

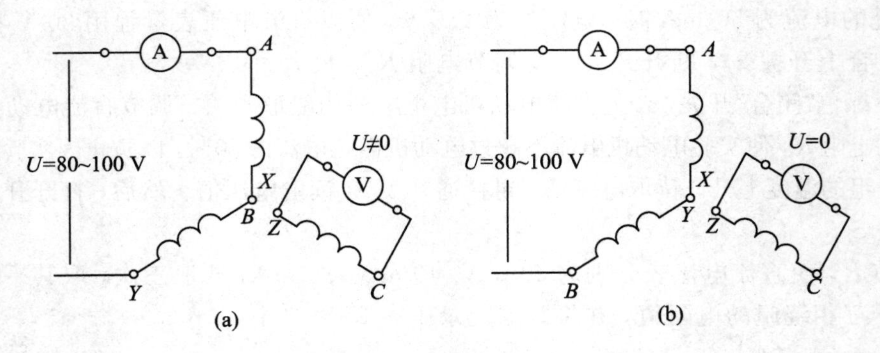

图 2.7－2　三相交流绕组首末端测定接线图

3. 空载实验

空载实验测量电路如图 2.7－3 所示。电动机绕组为△接法(U_N＝220 V)，且电动机不与测功机同轴连接。

(1) 启动电压前，把交流电压调节旋钮退至零位，然后接通电源，逐渐升高电压，使电动机启动旋转，观察电动机旋转方向，并使电动机旋转方向符合要求。如果电动机转向不符合要求，则对调任意两相电源。

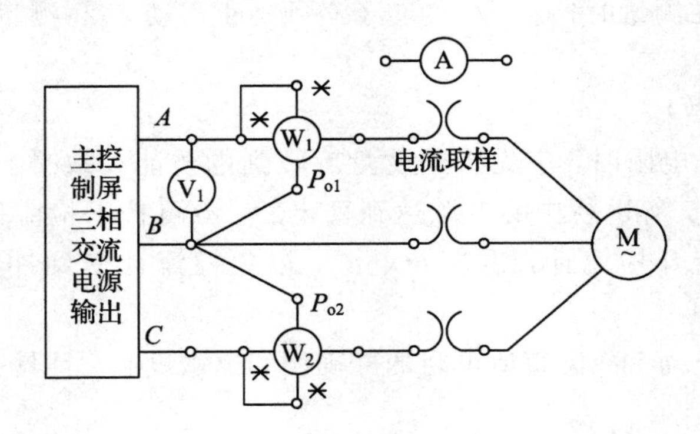

图 2.7－3　三相异步电动机空载实验接线图

(2) 保持电动机在额定电压下空载运行数分钟，使机械损耗达到稳定后再进行实验。

(3) 调节电压，由 1.2 倍额定电压开始逐渐降低电压，直至电流或功率显著增大为止。在这期间读取空载电压、空载电流、空载功率的值。

测量空载实验数据时，在额定电压附近多测量几个点，并取 7 组数据记录于表 2.7－3 中。

表 2.7-3

<table>
<tr><td rowspan="2">序号</td><td colspan="4">U_{oc}/V</td><td colspan="4">I_{o1}/A</td><td colspan="3">P_o/W</td><td rowspan="2">cosφ</td></tr>
<tr><td>U_{AB}</td><td>U_{BC}</td><td>U_{CA}</td><td>U_{o1}</td><td>I_A</td><td>I_B</td><td>I_C</td><td>I_{o1}</td><td>P_{o1}</td><td>P_{o2}</td><td>P_o</td></tr>
<tr><td>1</td><td></td><td></td><td></td><td></td><td></td><td></td><td></td><td></td><td></td><td></td><td></td><td></td></tr>
<tr><td>2</td><td></td><td></td><td></td><td></td><td></td><td></td><td></td><td></td><td></td><td></td><td></td><td></td></tr>
<tr><td>3</td><td></td><td></td><td></td><td></td><td></td><td></td><td></td><td></td><td></td><td></td><td></td><td></td></tr>
<tr><td>4</td><td></td><td></td><td></td><td></td><td></td><td></td><td></td><td></td><td></td><td></td><td></td><td></td></tr>
<tr><td>5</td><td></td><td></td><td></td><td></td><td></td><td></td><td></td><td></td><td></td><td></td><td></td><td></td></tr>
<tr><td>6</td><td></td><td></td><td></td><td></td><td></td><td></td><td></td><td></td><td></td><td></td><td></td><td></td></tr>
<tr><td>7</td><td></td><td></td><td></td><td></td><td></td><td></td><td></td><td></td><td></td><td></td><td></td><td></td></tr>
</table>

4. 短路实验

短路实验测量线路如图 2.7-4 所示。将测功机和三相异步电动机同轴连接。

(1) 将起子插入测功机堵转孔中，使测功机定转子堵住。将三相调压器退至零位。

(2) 合上交流电源，调节调压器使之逐渐升压，直至短路电流是 1.2 倍的额定电流，再逐渐降压至 0.3 倍的额定电流为止。

(3) 在这范围内读取短路电压、短路电流、短路功率，并取 5～7 组数据填入表 2.7-4 中。做完实验后，注意取出测功机堵转孔中的起子。

表 2.7-4

<table>
<tr><td rowspan="2">序号</td><td colspan="4">U_{oc}/V</td><td colspan="4">I_{o1}/A</td><td colspan="3">P_o/W</td><td rowspan="2">$\cos\varphi_K$</td></tr>
<tr><td>U_{AB}</td><td>U_{BC}</td><td>U_{CA}</td><td>U_K</td><td>I_A</td><td>I_B</td><td>I_C</td><td>I_K</td><td>P_{K1}</td><td>P_{K2}</td><td>P_K</td></tr>
<tr><td>1</td><td></td><td></td><td></td><td></td><td></td><td></td><td></td><td></td><td></td><td></td><td></td><td></td></tr>
<tr><td>2</td><td></td><td></td><td></td><td></td><td></td><td></td><td></td><td></td><td></td><td></td><td></td><td></td></tr>
<tr><td>3</td><td></td><td></td><td></td><td></td><td></td><td></td><td></td><td></td><td></td><td></td><td></td><td></td></tr>
<tr><td>4</td><td></td><td></td><td></td><td></td><td></td><td></td><td></td><td></td><td></td><td></td><td></td><td></td></tr>
<tr><td>5</td><td></td><td></td><td></td><td></td><td></td><td></td><td></td><td></td><td></td><td></td><td></td><td></td></tr>
<tr><td>6</td><td></td><td></td><td></td><td></td><td></td><td></td><td></td><td></td><td></td><td></td><td></td><td></td></tr>
<tr><td>7</td><td></td><td></td><td></td><td></td><td></td><td></td><td></td><td></td><td></td><td></td><td></td><td></td></tr>
</table>

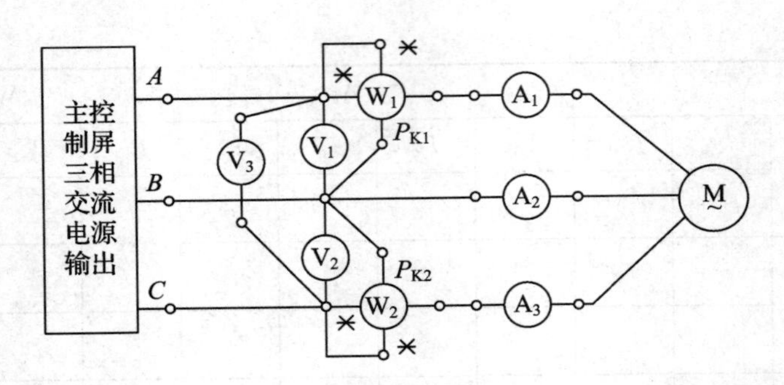

图 2.7-4　三相异步电动机短路实验接线图

5. 负载实验

选用设备和测量接线同空载实验。实验开始前，将 NMEL-13 中的“转速控制”和“转矩控制”选择开关拨向“转矩控制”，“转速/转矩设定”旋钮逆时针旋转到底。

(1) 合上交流电源，调节调压器使之逐渐升压至额定电压，并在实验中保持此额定电压不变。

(2) 调节测功机“转速/转矩设定”旋钮，改变转矩，使异步电动机的定子电流逐渐上升，直至电流上升到 1.25 倍额定电流为止。

(3) 逐渐减小负载直至空载，在这范围内读取异步电动机的定子电流、输入功率、转速、转矩等数据，并读取 5～6 组数据记录于表 2.7-5 中。

表 2.7-5　　$U_N=220$ V(△)

序号	I_{o1}/A				P_o/W			T_2/(N·m)	n/(r/min)	P_2/W
	I_A	I_B	I_C	I_1	$P_Ⅰ$	$P_Ⅱ$	P_1			
1										
2										
3										
4										
5										
6										

五、实验报告

(1) 计算基准工作温度时的相电阻。

由实验直接测得每相电阻值，此值为实际冷态电阻值，冷态温度为室温。按下式换算得到基准工作温度时的定子绕组相电阻：

$$r_{\text{lef}}=r_{\text{lc}}\frac{235+\theta_{\text{ref}}}{235+\theta_{\text{c}}}$$

式中，r_{lef} 为换算到基准工作温度时定子绕组的相电阻(Ω)；r_{1c} 为定子绕组的实际冷态相电阻(Ω)；θ_{ref} 为基准工作温度，对于 E 级绝缘为 75℃；θ_{c} 为实际冷态时定子绕组的温度(℃)。

(2) 作出空载特性曲线：I_0、P_0、$\cos\varphi_0 = f(U_0)$。

(3) 作出短路特性曲线：I_K、$P_K = f(U_K)$。

(4) 由空载实验、短路实验的数据求异步电动机等效电路的参数。

① 由短路实验数据求短路参数。

短路阻抗：

$$Z_K = \frac{U_K}{I_K}$$

短路电阻：

$$r_K = \frac{P_K}{3I_K^2}$$

短路电抗：

$$X_K = \sqrt{Z_K^2 - r_K^2}$$

式中，U_K、I_K、P_K 可由短路特性曲线上查得，即相应于 I_K 为额定电流时的相电压、相电流、三相短路功率。

转子电阻的折合值：$r'_2 \approx r_K - r_1$；

定、转子漏抗：$X'_{1\sigma} \approx X'_{2\sigma} \approx \dfrac{X_K}{2}$。

② 由空载实验数据求激磁回路参数。

空载阻抗：$Z_0 = \dfrac{U_0}{I_0}$；

空载电阻：$r_0 = \dfrac{P_0}{3I_0^2}$；

空载电抗：$X_0 = \sqrt{Z_0^2 - r_0^2}$。

式中，U_0、I_0、P_0 为相应于 U_0 为额定电压时的相电压、相电流、三相空载功率。

激磁电抗：$X_m = X_0 - X_{1\sigma}$；

激磁电阻：$r_m = \dfrac{P_{\text{Fe}}}{3I_0^2}$。

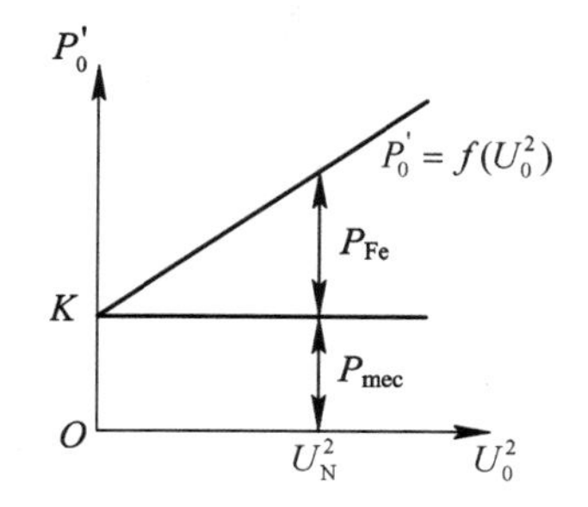

图 2.7-5　电机中的铁耗和机械耗

式中，P_{Fe} 为额定电压时的铁耗，可由图 2.7-5 确定。

(5) 作出工作特性曲线 P_1、I_1、n、η、S、$\cos\varphi_1 = f(P_2)$。

由负载实验数据计算工作特性，填入表 2.7-6 中。

表 2.7-6 $U_1 = 220\ \text{V}(\triangle)$ $I_f =$ A

序号	电动机输入		电动机输出		计算值			
	I_1/A	P_1/W	T_2/(N·m)	n/(r/min)	P_2/W	S/%	η/%	$\cos\varphi_1$
1								
2								
3								
4								
5								
6								

I_1、S、$\cos\varphi_1$、P_2 和 η 的计算公式分别为

$$I_1 = \frac{I_A + I_B + I_C}{3\sqrt{3}}$$

$$S = \frac{1500 - n}{1500} \times 100\%$$

$$\cos\varphi_1 = \frac{P_1}{3U_1 I_1}$$

$$P_2 = 0.105 n T_2$$

$$\eta = \frac{P_2}{P_1} \times 100\%$$

式中，I_1 为定子绕组相电流(A)；

U_1 为定子绕组相电压(V)；

S 为转差率；

η 为效率。

(6) 由损耗分析法求额定负载时的效率。电动机的损耗有

铁耗：P_{Fe}；

机械耗：P_{mec}；

定子铜耗：$P_{\text{Cu1}} = 3I_1^2 r_1$；

转子铜耗：$P_{\text{Cu2}} = \dfrac{P_{\text{em}} S}{100}$。

1. 异步电动机的工作特性是指哪些？
2. 异步电动机的等效电路有哪些参数？它们的物理意义是什么？
3. 简述异步电动机的工作特性和参数的测定方法。

第3章

模拟电子技术实验

3.1 仪器使用和元器件识别

一、实验目的

(1) 熟悉常用测试仪器的使用方法;

(2) 了解常用电子元件参数指标及标称;

(3) 熟悉二极管、三极管、集成电路元件管脚的识别方法。

二、实验仪器设备

电子综合实验台(含三相交流电源、交/直流变压器、恒压源、恒流源、交流毫伏表、交流电压表、交流电流表、直流电压表、直流电流表、功率表、函数信号发生器、扫频仪、电阻负载板、电容负载板、电感负载板、二极管负载板、三极管负载板、继电器负载板、交流接触器负载板、教学大纲要求的实验线路板模块等)、双踪示波器、数字万用表、联网用户 PC 机(含主机、显示屏、键盘)、同轴电缆线若干、连接导线若干等。

三、实验内容及步骤

(1) 了解常用仪器的使用方法。

熟悉常用仪器的功能、性能和使用方法及注意事项。学习直流稳压电源、信号源、双踪示波器、交流毫伏表、数字万用表、频率计、扫频仪、图示仪及电子综合实验装置的功能和使用方法。

(2) 熟悉常用电子元件参数指标。

① 电阻元件的标称、精度、功率等的识别及使用注意事项。

② 电容元件的标称、极性、耐压、漏电等指标及使用注意事项。

③ 电感元件的标称、标注方法、电流和使用注意事项。

④ 二极管、三极管管脚的识别、各项参数、标注规则、应用范围及使用注意事项。

⑤ 集成电路管脚规定及元件分类。

⑥ 继电器的标称,对常用开关的了解及使用注意事项。

(3) 熟练使用函数信号发生器、双踪示波器、交流毫伏表调试和测量一组实验信号:1 kHz、100 mV 的正弦波、方波、三角波,并记录实验参数和波形。

思　考　题

1. 测量电阻前，万用表为什么先要调零？

2. 从二极管、三极管的原理分析，利用万用表如何测量二极管、三极管？如果用万用表测量二极管、三极管，您能确定它的极性吗？

3. 除第三部分所讲的技术指标外，您能列出其他技术指标吗？

3.2 单管电压放大电路

一、实验目的

(1) 学习单管电压放大电路静态工作点的测量和调试方法；

(2) 学习单管电压放大电路放大倍数 A_u 的测量方法；

(3) 观察静态工作点和输入信号变化对输出波形的影响。

二、实验原理

该电路采用自动稳定静态工作点的分压式共射极偏置电路。三极管选用 3DG 型系列硅管，电位器 R_{P1} 用来调节静态工作点。

三、实验仪器设备

双踪示波器一台，低频函数信号发生器一台，数字万用表一块，电子综合实验台一套(含直流稳压电源、单管放大器实验板)、同轴电缆线三根、实验专用连接软导线若干。

四、实验内容及步骤

(1) 静态工作点指标测试。

如图 3.2－1 所示，使放大电路的偏置电压 U_{CC} 为直流电压＋12 V，调节电位器 R_{P1}，使电压 U_{CE} 值为直流 5～6 V，用数字万用表测量表 3.2－1 中列出的各点电位值，并计算 I_E 值。

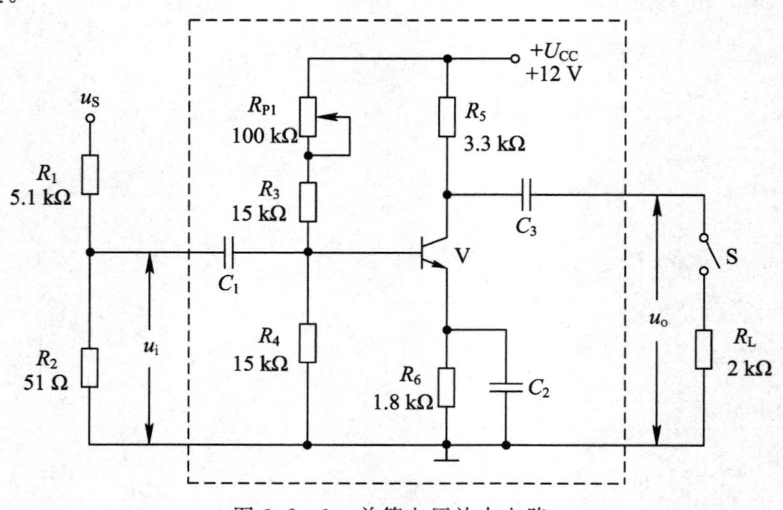

图 3.2－1　单管电压放大电路

表 3.2－1

U_B	U_E	U_C	U_{CE}	U_{BE}	U_{BC}	I_E	I_C

（2）测量放大电路的电压放大倍数 A_u。

调节函数信号发生器，使之产生一组微弱的交流正弦波信号 u_i：频率为 1 kHz(非工频)，信号幅值为 100 mV(峰-峰值)，加在电路图 3.2－1 中的 u_S 端。用示波器观测输出端波形 u_o，并保证波形不失真；再用交流毫伏表测量表 3.2－2 中所要求的放大电路的输出电压，并计算电压放大倍数 A_u。

表 3.2－2

	U_S/mV	U_i/mV	U_o/mV	A_u
$R_L=\infty$(空载)	100	1		
$R_L=2$ kΩ(带载)	100	1		

（3）观察输出信号的各种失真波形，并如实记录。

① 观测输入信号 u_i 造成的输出信号 u_o 失真。

适当增加放大电路的输入信号幅度，用示波器观察输出信号波形的变化，使输出信号波形出现下半周失真(饱和失真)或上下半周失真(大信号失真)，记录输出信号的失真波形，并记录输入信号值。

② 观测静态工作点 Q 造成的输出信号 u_o 失真。

适当减小输入信号 u_i 的幅值，使输出波形 u_o 下半周不失真。逐渐改变偏置电阻(可调电位器 R_{P1})，用示波器观测输出波形 u_o 上半周失真(截止失真)的变化情况，分别记录不同 R_{P1} 值对输出信号失真波形的影响。

五、实验报告

（1）整理实验数据。

（2）分析测试结果。

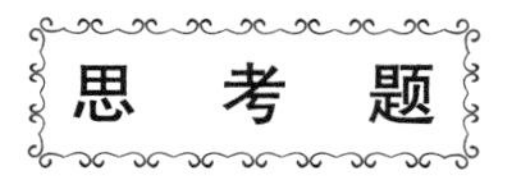

1. 提高放大电路电压放大倍数的途径有哪些？

2. 输出电压若出现正负半周波形均失真，应调节什么旋钮？若出现正半周或负半周波形失真，则应分别调节什么元件参数？

3. 输出电压波形若出现正半周或负半周波形失真，判定它们分别是哪类失真。

4. 用示波器测量信号电压幅值时锁定旋钮应置于何处？

5. 用示波器交、直流挡测量信号电压幅值是否一样？说出理由。

3.3 多级放大电路

一、实验目的

(1) 进一步熟悉放大电路技术指标的测试，用示波器观察输出波形的幅值和相位；

(2) 了解放大器级间的相互影响。

二、实验原理

第一级为共发射极电路，具有较高的电压和电流增益，但输出电阻直接影响电压增益。第二级为共集电极电路，电压放大倍数近似为1，但具有电流放大功能，而且输入电阻大，向前级索取功率小，对前级影响小；同时，其输出电阻小，可弥补前级共发射极电路输出电阻大的不足，带负载能力强。

三、实验仪器设备

双踪示波器一台，低频函数信号发生器一台，数字万用表一块，电子综合实验台一套(含直流稳压电源、多级放大器实验板)、同轴电缆线三根、实验专用连接软导线若干。

四、实验内容及步骤

(1) 放大电路静态工作点调试。

按图3.3-1接线，使两级放大电路的偏置电压 U_{CC} 值为直流电压+12 V，开关 S_1 接地，调节可调电位器 R_{P1}，使电阻 R_5 上的直流电压(U_{CE1})为3.3 V；调节可调电位器 R_{P3}，使电阻 R_{11} 上的直流电压(U_{CE2})为4 V，用万用表测量表3.3-1中列出的两级静态工作点参数。

表3.3-1

U_{B1}	U_{C1}	U_{E1}	U_{CE1}	I_{E1}	U_{B2}	U_{C2}	U_{E2}	U_{CE2}	I_{E2}

(2) 测量电路的各级电压放大倍数 A_{u1}、A_{u2}。

① 无级间负反馈电压放大倍数测试(开关 S_1 接地)。

在电路中的 u_i 端加微弱的交流正弦波输入信号 u_i：频率为1 kHz，幅值为50 mV(峰-峰值)。用双踪示波器观测输出端波形 u_o 是否失真。若不失真，再用交流毫伏表测量表3.3-2中列出的各点电压值。

② 带级间负反馈电压放大倍数测试。

开关 S_1 接负反馈电阻 R_f，再重复步骤①的所有实验测试内容，并将测试结果填入表 3.3－2 中，然后计算电压放大倍数 A_{u1}、A_{u2}。

表 3.3－2

<table>
<tr><td></td><td></td><td>U_S/mV</td><td>U_i/mV</td><td>U_{o1}/mV</td><td>U_o/mV</td><td>A_{u1}</td><td>A_{u2}</td></tr>
<tr><td rowspan="2">$R_L=\infty$
（空载）</td><td>无级间负反馈</td><td rowspan="2">50</td><td rowspan="2">0.5</td><td></td><td></td><td></td><td></td></tr>
<tr><td>有级间负反馈</td><td></td><td></td><td></td><td></td></tr>
<tr><td rowspan="2">$R_L=2$ kΩ
（带载）</td><td>无级间负反馈</td><td rowspan="2">50</td><td rowspan="2">0.5</td><td></td><td></td><td></td><td></td></tr>
<tr><td>有级间负反馈</td><td></td><td></td><td></td><td></td></tr>
</table>

（3）观测并记录各级放大电路的输出波形 u_{o1}、u_o，并比较与 u_i 的相位关系。

（4）观测负反馈对非线性失真的影响。

按照图 3.3－1 所示电路接线，增加输入信号的幅度（取 $u_S=100$ mV 以上），使开关 S_1 接地，用双踪示波器观测输出端 u_o 的波形，此时应有一定程度的非线性失真。随后，使开关 S_1 接负反馈，双踪示波器所显示出的输出波形 u_o 的非线性失真应明显减小。

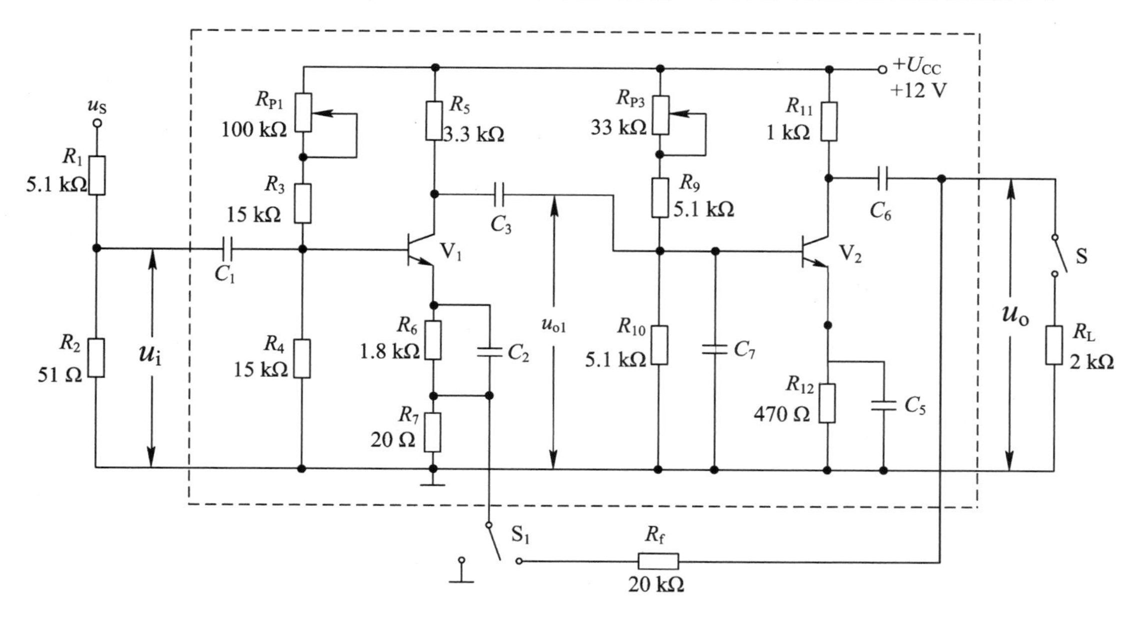

图 3.3－1　多级放大电路

五、实验报告

（1）根据两级负反馈放大电路（见图 3.3－1）中所测输入、输出信号电压值，计算各级电压放大倍数 A_{u1}、A_{u2}。

（2）在同一坐标系方格图上作出各级放大电路的输出波形图 u_{o1}、u_o，并比较与 u_i 的相位关系。

3.4 差动放大电路

一、实验目的

(1) 熟悉差动放大电路的单双端输入、输出的接法；

(2) 测量各种接法时差动放大电路的电压放大倍数及波形的相位关系；

(3) 熟悉长尾式和恒流源式差动放大电路的连接形式和性能差异。

二、实验原理

1. 差模信号的放大作用

当三极管 V_1、三极管 V_2 的基极分别接入幅值相等、极性相反的差模信号时，两个三极管的发射极处将产生大小相等、方向相反的变化电流，此时 R_e 上基本没有电流流过。

双端输出时，差模放大倍数为

$$A_{ud}=\frac{u_{od}}{u_{id1}-u_{id2}}=\frac{2u_{od1}}{2u_{id1}}=\frac{u_{od1}}{u_{id1}}$$

单端输出时，差模放大倍数为

$$A_{ud}=\frac{1}{2}A_{ud2}=-\frac{1}{2}A_{ud1}$$

2. 共模信号的抑制作用

放大电路因温度、电源波动等产生的零漂和干扰均属共模信号，相当于分别在两个三极管的输入端接入幅值相等、极性相同的共模信号。

双端输出时，共模放大倍数为

$$A_{uc}=\frac{u_{oc}}{u_{ic}}=\frac{u_{oc1}-u_{oc2}}{u_{ic}}\approx 0$$

单端输出时，共模放大倍数为

$$A_{uc}=A_{uc}=\frac{u_{oc1}}{u_{ic}}=\frac{u_{oc2}}{u_{ic}}\approx\frac{-R_c}{2R_e}$$

3. 共模抑制比 K_{CMR} 的测量

双端输出时，共模抑制比为

$$K_{CMR}=\left|\frac{A_{ud}}{A_{uc}}\right|\approx\infty$$

单端输出时，共模抑制比为

$$K_{CMR}=\left|\frac{A_{ud1}}{A_{uc1}}\right|\approx\beta\frac{R_e}{r_{be}+(1+\beta)\dfrac{R_P}{2}}$$

可见，R_P 增大，K_{CMR} 减小，抑制共模干扰作用减弱；R_e 增大，K_{CMR} 增大，抑制共模干扰作用愈强。

三、实验仪器设备

双踪示波器一台，低频函数信号发生器一台，数字万用表一块，电子综合实验台一套(含直流稳压电源、差动放大器实验板)、同轴电缆线三根、实验专用连接软导线若干。

四、实验内容及步骤

1. 测量静态工作点

(1) 调零。

按照图 3.4-1 连接线路，只连接直流 ±12 V 和地，不接入交流输入信号 u_i。将左、右输入端短路并接地，接通直流电源，调节电位器 R_{P1}，使双端输出电压 $u_o=0$ V。

注：R_{P1} 为调零电路，考虑到元件的差异性，两边不可能完全对称，所以要调节 R_{P1}，使得输出 $u_o=0$ V。

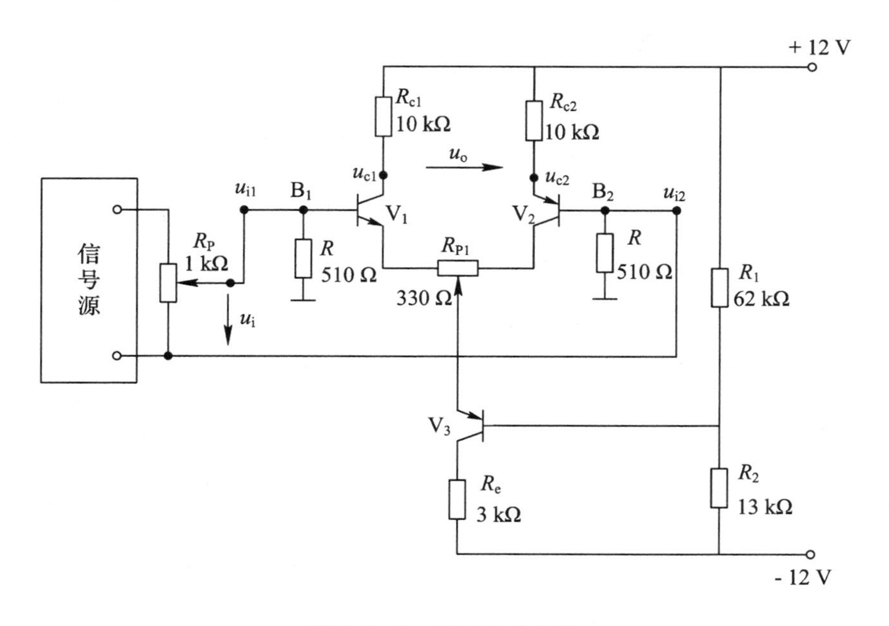

图 3.4-1　差动放大电路

(2) 测量静态工作点。

测量 V_1、V_2、V_3 对地电压，并填入表 3.4-1 中。

表 3.4-1

对地电压	U_{c1}	U_{c2}	U_{c3}	U_{b1}	U_{b2}	U_{b3}	U_{e1}	U_{e2}	U_{e3}
测量值/V									

2. 测量差模电压放大倍数

将 B_2 接地，在 B_1 输入端加入 $f=1$ kHz，$U_{pp}=100$ mV 的信号，按表 3.4-2 中的要求测量并记录，由测量数据算出单端和双端输出的电压放大倍数。

注：由于实验中信号源条件所限，两路差模输入信号无法得到，故用单端输入来等效代替。此时，可视为两端同时输入大小为 $u_i/2$ 的共模信号和差模信号。由于共模信号被抑制，所以输出等效为双端差模输入效果。

表 3.4-2

测量值及计算值 / 输入信号 u_i	差模输入						共模输入						共模抑制比
	测量值/V			计算值			测量值/V			计算值			计算值
	U_{c1}	U_{c2}	$U_{o双}$	A_{d1}	A_{d2}	$A_{d双}$	U_{c1}	U_{c2}	$U_{o双}$	A_{c1}	A_{c2}	$A_{C双}$	K_{CMR}

3. 测量共模电压放大倍数

将输入端 B_1、B_2 短接后，再接到信号源的输入端，信号源另一端接地，信号的大小仍为 $f=1$ kHz，$U_{pp}=100$ mV，按表格要求分别测量并填入表 3.4-3 中。由测量数据算出单端和双端输出的电压放大倍数，进一步算出共模抑制比 $K_{CMR}=|A_d/A_c|$。

注：差模输入时，双端输出 u_{c1} 和 u_{c2} 在相位上是反向关系；共模输入时，双端输出 u_{c1} 和 u_{c2} 在相位上是同向关系，故计算输出电压时应注意二者的加、减关系。

表 3.4-3

测量值及计算值 / 输入信号 u_i	差模输入						共模输入						共模抑制比
	测量值/V			计算值			测量值/V			计算值			计算值
	U_{c1}	U_{c2}	$U_{o双}$	A_{d1}	A_{d2}	$A_{d双}$	U_{c1}	U_{c2}	$U_{o双}$	A_{c1}	A_{c2}	$A_{c双}$	K_{CMR}

4. 长尾式差动放大电路的测量

在实验板上组成长尾式的差动放大电路，输入信号不变，按照第 2、3 步骤重复进行，然后将结果填入表 3.4-4 中，并与恒流源式差动放大电路进行比较。

注：用示波器监测两输出端的波形，若有失真现象，可减小输入电压值，直到 u_{c1} 和 u_{c2} 都不失真为止。

表 3.4－4

测量值及计算值 / 输入信号 u_i	差模输入						共模输入						共模抑制比
	测量值/V			计算值			测量值/V			计算值			计算值
	U_{c1}	U_{c2}	$U_{o双}$	A_{d1}	A_{d2}	$A_{d双}$	U_{c1}	U_{c2}	$U_{o双}$	A_{c1}	A_{c2}	$A_{c双}$	K_{CMR}

五、实验报告

（1）整理数据，计算结果。

（2）观察各种情况下 u_i 与 u_o 的相位。

（3）比较长尾式和恒流源式两种接法的异同点。

思　考　题

1. 差动放大电路有几种接法？说出它们的电压放大倍数和输出的相位。
2. 差动放大电路在仪器和集成芯片电路中应用很广，该电路有哪些优点？
3. 如果差动放大电路的两个三极管参数不一致，将会产生哪些不利因素？
4. 差动放大路共模输入时，输出理论上为零，实际中为何还用差动电路？

3.5 集成运算放大电路

一、实验目的

(1) 学习线性集成运算放大器的使用方法；

(2) 观测运算放大器的比例运算和积分运算；

(3) 熟悉比例、求和、积分、微分等基本运放电路相关理论；

(4) 掌握估算实验中所测数值的理论值的方法。

二、实验原理

运算放大器在作比例运算时，它的输入电压 U_i 和输出电压 U_o 之间的关系可以用简单的电阻比 R_f/R_1 来确定。若将反馈电阻 R_f 替换为电容，则运算放大器可以实现积分运算，这时它的输入电压 U_i 和输出电压 U_o 之间成积分关系。如果输入矩形脉冲信号，则该电路输出三角波信号。

1. 集成运算放大电路的特点

集成运算放大电路，简称集成运放，是一个高性能的直接耦合多级放大电路。集成运放因首先用于信号的运算，故而得名。

若将集成运放看成一个“黑盒子”，则集成运放电路可等效为一个双端输入、单端输出的差分放大电路。集成运放电路的组成如图 3.5-1 所示。

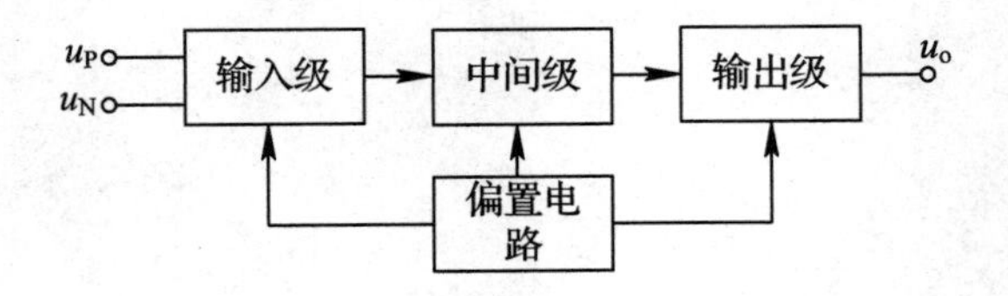

图 3.5-1 集成运放电路的组成

偏置电路：为各级放大电路设置合适的静态工作点。采用电流源电路，幅值为 $U_{CC}=+12$ V。

输入级：也称为前置级，多采用差分放大电路，要求 R_i 大、A_d 大，A_c 小、输入端耐压高。

中间级：也称为主放大级，多采用共发射极放大电路，要求有足够的放大能力。

输出级：也称为功率级，多采用准互补输出级，要求 R_o 小，最大不失真输出电压尽可能大。

2. 理想运算放大器的条件

(1) 开环电压放大倍数：$A_{uo}\to\infty$；

（2）开环输入电阻：$r_{id} \to \infty$；

（3）开环输出电阻：$r_o \to 0$；

（4）共模抑制比：$K_{CMR} \to \infty$。

当运放工作在线性区时，$u_o = A_{uo}(u_+ - u_-)$。由条件(1)可得，理想运算放大器的差模输入电压约为 0 V，即 $u_+ = u_-$，称为“虚短”。但是，必须为运算放大器加负反馈才能使其工作在线性区，因此“虚短”的适用条件为深度负反馈。

由条件(2)可得，理想运算放大器的输入电流约等于 0 A，即 $i_+ = i_- \approx 0$ A，称为“虚断”。

由于实际运算放大器的技术指标接近理想化条件，用理想运算放大器分析电路可使问题大大简化。为此，我们在分析运算放大器时都是按其理想化条件进行的。

注意：

① 运算放大器的输出电压是有限定的，一般情况下，其最大输出电压约等于给其施加的直流偏置电压值 U_{CC}。

② 实验连线时，应注意运放芯片的直流偏置电压的正负极，极性一定不要接反，防止连接错误烧坏芯片。

三、实验仪器设备

双踪示波器一台，低频函数信号发生器一台，数字万用表一块，电子综合实验台一套(含直流稳压电源、运算放大器实验板)、同轴电缆线三根、实验专用连接软导线若干。

四、实验内容及步骤

1. 集成运算放大器 LM324 和 HA741 的管脚排列

集成运算放大器 LM324 和 HA741 的管脚排列见图 3.5-2。

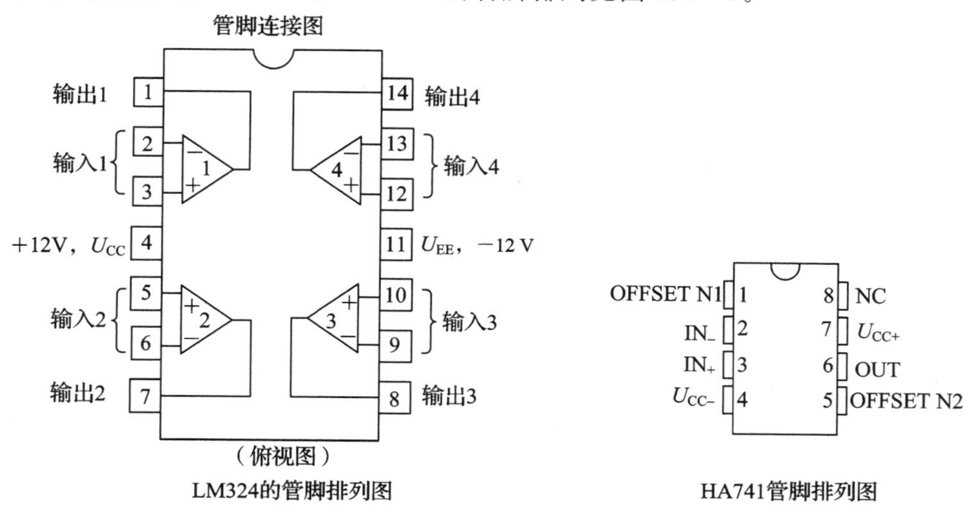

图 3.5-2　集成运算放大器管脚排列图

2. 比例运算器功能测试

(1) 反相比例运算器。

按照图 3.5-3 所示连接电路，输入信号 u_i：频率为 1 kHz、幅值(峰-峰值)U_{pp} 为 1 V 的正弦波信号。用示波器的两个通道分别观测 $R_f=20\ \text{k}\Omega$、$R_f=50\ \text{k}\Omega$、$R_f=100\ \text{k}\Omega$ 时的输入、输出波形，并记录输出电压 u_o 的数值，计算各自的电压放大倍数 A_u，将测量结果填入表 3.5-1。

实验电路如图 3.5-3 所示，此时电路为电压并联负反馈电路。

由“虚短”可知

$$u_A=u_B=0\text{V},\ I_i=\frac{u_i-u_A}{R_1}=\frac{u_i}{R_1}$$

由“虚断”可知

$$i_f=i_i=\frac{u_i}{R_1},\ u_o=u_A-i_f\times R_f=-\frac{R_f}{R_1}u_i$$

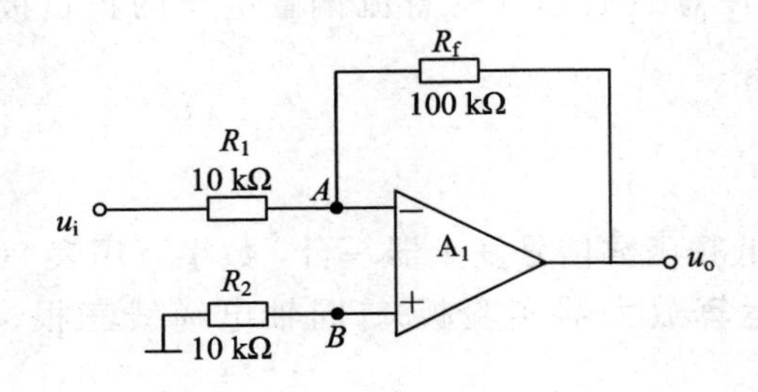

图 3.5-3 反相比例运算器

表 3.5-1

反馈电阻 R_f	输入电阻 R_1	输入电压 u_i	输出电压 u_o	电压放大倍数 A_u
100 kΩ	10 kΩ			
50 kΩ				
20kΩ				

(2) 同相比例运算器。

实验电路如图 3.5-4 所示，此时电路为电压串联负反馈电路。

由“虚断”可知 $i_+=i_-\approx 0$ A，故

$$u_B=u_i$$

由“虚短”可知

$$u_A=u_B=u_i$$

$$u_o=\frac{u_A}{R_1}(R_1+R_f)=\left(1+\frac{R_f}{R_1}\right)u_i$$

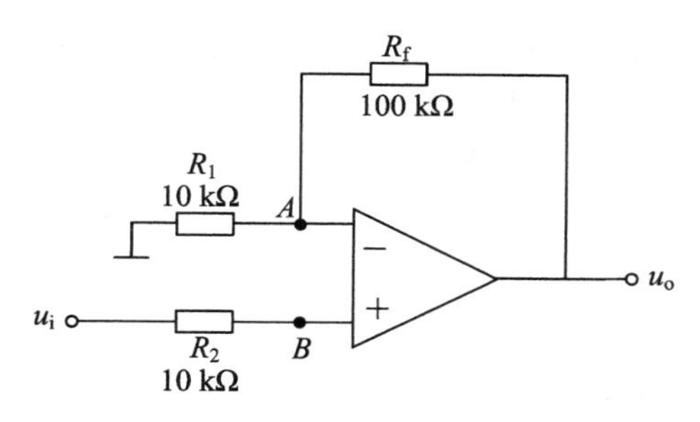

图 3.5-4 同相比例运算器

3. 积分器功能测试

按照图 3.5-5 连接电路，输入信号 u_i：频率为 1 kHz、幅值（峰-峰值）U_{pp} 为 1 V 的方波信号。用双踪示波器的两个通道分别观测并如实记录输入信号 u_i、输出信号 u_o 的幅值和波形。

本次测试需分别观测、记录电容在 $C=0.01\ \mu F$、$C=0.022\ \mu F$、$C=0.047\ \mu F$ 三种情况下的输出电压 u_o、输入电压 u_i 和输出波形，并将测量值记录于表 3.5-2 中。

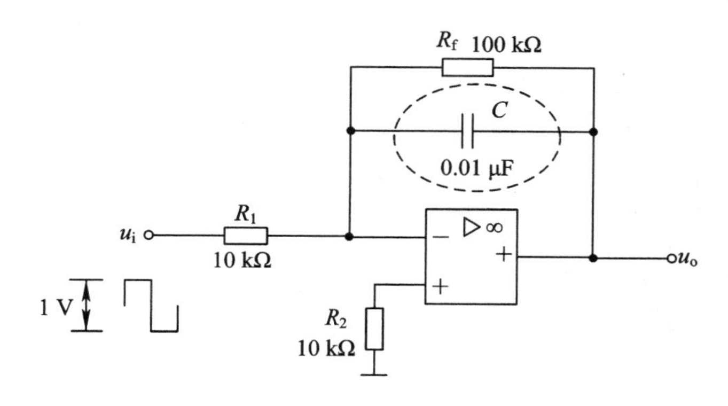

图 3.5-5 积分器

表 3.5-2

电容 C	反馈电阻 R_f	输入电压 u_i	输出电压 u_o	输出波形
0.01 μF	100 kΩ			
0.047 μF				
0.022 μF				

图 3.5-5 所示为反相积分电路。在该电路中，输出电压幅值为

$$u_o=-\frac{1}{R_1C}\int_{t_0}^{t}u_i(t)\mathrm{d}t+u_o(t_0)$$

实际电路中，为防止低频信号增益过大，往往在积分电容两边并联一个电阻 R_f，它可以减少运放的直流偏移，但也会影响积分的线性关系，一般取 $R_f\geqslant R_1=R_2$。

(1) 改变输入信号的幅值与波形，观测输出信号的波形变化。

① 输入信号 u_i：$f=100$ Hz、$U_{pp}=2$ V 的方波。根据反相积分法，输出为三角波。当方波为 $-U_Z$ 时，三角波处于上升沿；反之，当方波为 U_Z 时，三角波处于下降沿。输出三角波的峰峰值为

$$U_{pp}=\frac{1}{R_f C}U_Z\,\frac{T}{2}=5(\text{V})$$

当不加上 R_f 时，用示波器观察输出三角波往往出现失真。此时，使用直流输入观察就会发现，三角波的中心横轴大约在 +10V 或 −10V 的地方，因为直流偏移太大，所以输出会产生失真。在电容两端并联大电位器，调节它的阻值，使其大约在 500 kΩ 到 1 MΩ 的范围，则可以观察到不失真的三角波，其峰峰值为 5 V，此时仍有一定的直流偏移。

当并联 $R_f=100$ kΩ 时，直流偏移在 1 V 以下，但输出三角波已经变成近似积分波，幅值也有所下降。

② 输入信号 u_i：$f=100$ Hz、$U_{pp}=2$ V 的正弦波。输出波形的相位比输入波形的相位超前 90°。当不加上 R_f 时，用示波器观察输出的正弦波往往出现切割失真，这同样是直流偏移太大的原因。在电容两端并联大电位器，调节它的阻值，使其大约在 500 kΩ 到 1 MΩ 的范围，则可以观察到不失真的波形，其峰峰值为 3.2 V，此时仍有一定的直流偏移。当并联 $R_f=100$ kΩ 时，直流偏移在 1 V 以下，幅值也有所下降。

(2) 改变输入信号的频率，观测输出信号的变化。

输入信号 u_i：频率为 20 Hz～400 Hz、$U_{pp}=2$ V 的正弦波。观察 u_i 与 u_o 的相位、幅值及波形的变化。

4. 微分电路功能测试

按图 3.5-6 所示连接电路，输入信号 u_i：频率为 200 Hz、幅值(峰-峰值)U_{pp} 为 400 mV 的三角波，调节 10 kΩ 电位器，在微分电容左端串联一个 400 Ω 的电阻，用示波器观察并记录 u_i 与 u_o 的波形。

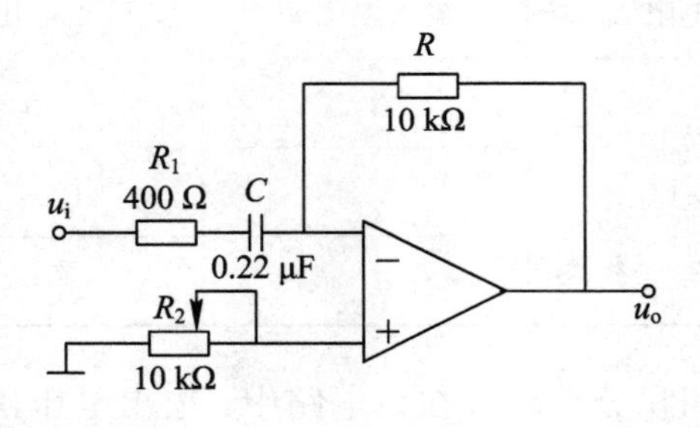

图 3.5-6　微分电路

在图 3.5-6 所示微分电路中，理论上有 $u_o(t)=-RC\,\dfrac{\mathrm{d}u_i(t)}{\mathrm{d}t}$。

阶跃变化的信号或脉冲式大幅值干扰，都会使运算放大电路内部放大管进入饱和

或截止状态，以致于即使信号消失也不能回到放大区，形成堵塞现象，使电路无法工作。同时，由于反馈网络为滞后环节，它与集成运放内部滞后环节相叠加，易产生自激振荡，从而使电路不稳定。为解决以上问题，可在输入端串联一个小电阻 R_1，以限制输入电流和高频增益，消除自激振荡。以上改进是针对阶跃信号(方波、矩形波)或脉冲波形，对于连续变化的正弦波，除非频率过高，否则不必使用。当加入电阻 R_1 时，电路输出为近似微分关系。

5. 电压比较器功能测试

(1) 过零比较器。

按照图 3.5-7 连接电路，输入信号 u_i：频率为 1 kHz、幅值(峰-峰值)U_{pp} 为 6 V 的正弦波信号。调节电阻 R_1，使得 $R_1=0\ \Omega$，则此时电路为过零比较器。用双踪示波器同时观测并记录输入信号 u_i、输出信号 u_o 的波形与幅值。

(2) 迟滞比较器。

再次调节输入电阻 R_1 参数，使电阻 $R_1\neq0\ \Omega$，此时电路为迟滞比较器。用双踪示波器同时观测并记录输入信号 u_i、输出信号 u_o 的波形与幅值。

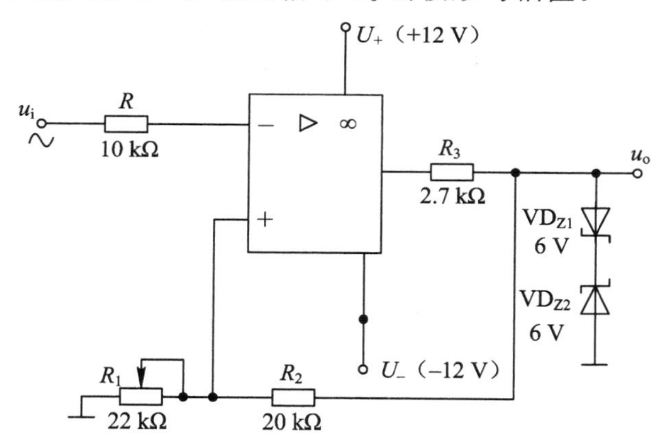

图 3.5-7　电压比较器

五、实验报告

(1) 画出“反相比例运算器”输出信号波形图，并作出简要数据分析。

(2) 画出“积分运算器”输出信号波形图，并作出简要数据分析。

1. 总结本次实验中各种运放电路的特点及功能。
2. 分析理论计算与实验结果存在误差的原因。
3. 当比较信号为正弦波，参考电压为 0 V 时，为什么电压比较器的输出为方波?

3.6 单相桥式整流、滤波电路

一、实验目的

(1) 熟悉晶体管整流电路；

(2) 了解单相桥式整流、滤波电路的工作原理及各元器件所起的作用。

二、实验原理

实验电路采用单相桥式全波整流，将 50 Hz 交流电压变换为全波脉动直流电压，通过电容滤波成为较平稳的直流电压，又经稳压管稳压后使负载得到的直流电压更为稳定。其电路如图 3.6-1 所示。

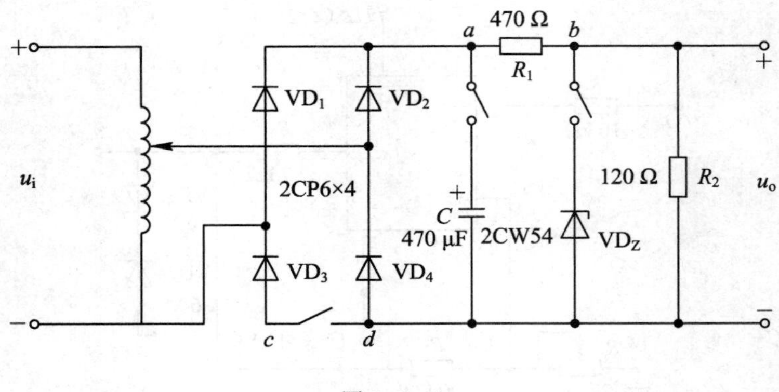

图 3.6-1

如果拆除一根连线(cd 段)使整流二极管 VD_3 回路断开，则电路便改接为半波整流形式。

三、实验仪器设备

双踪示波器一台，低频函数信号发生器一台，数字万用表一块，电子综合实验台一套(含直流稳压电源、单相桥式整流滤波电路实验板)、同轴电缆线三根、实验专用连接软导线若干。

四、实验内容及步骤

(1) 用数字万用表测定二极管、稳压管的极性和正反相电阻。

(2) 将交流电压 9 V 接入桥式整流输入端 u_i，用示波器观测输出波形 u_o。

(3) 断开 cd 段，测量半波整流电路的直流输出性能指标。

① 在不加滤波电容和稳压管时，测量电压 U_{ad}，并用示波器观测其波形。

② 在加滤波电容且不加稳压管时，测量电压 U_{ad}，并用示波器观测其波形。

③ 在加滤波电容且加稳压管时，测量电压 U_{ad}，并用示波器观测其波形。

④ 改变负载电阻，测量输出电压。

⑤ 将测量数值填入表 3.6－1 中。

(4) 连接 cd 端，测量全波整流电路的直流输出性能指标。

① 在不加滤波电容且不加稳压管时，测量电压 U_{bd}，并用示波器观测其波形。

② 在加滤波电容且不加稳压管时，测量电压 U_{bd}，并用示波器观测其波形。

③ 在加滤波电容且加稳压管时，测量电压 U_{bd}，并用示波器观测其波形。

④ 改变负载电阻，测量输出电压。

⑤ 将测量数值填入表 3.6－1 中。

表 3.6－1

整流类别		负载上的直流电压		
		输出波形	测量值/V	理论计算值/V
半波整流	断开 C、VD_Z		$U_{ad}=$	
	接通 C，断开 VD_Z		$U_{ad}=$	
	接通 C、VD_Z		$U_{ad}=$	
全波整流	断开 C、VD_Z		$U_{bd}=$	
	接通 C，断开 VD_Z		$U_{bd}=$	
	接通 C、VD_Z		$U_{bd}=$	

五、实验报告

1. 测量波形的幅值，并将它与理论计算结果进行比较。
2. 改变电容对整流波有无影响？

3.7 直流稳压电源

一、实验目的

(1) 验证单相桥式整流、电容滤波电路的输出直流电压与输入交流电压的关系，并观察它们的波形；

(2) 学习测量直流稳压电源电路的主要技术指标；

(3) 学习集成稳压电路 LM7805 的使用。

二、实验原理

1. 直流稳压电源的组成

直流稳压电源将交流电变成稳定的、大小合适的直流电，它一般由电源变压器、整流电路、滤波电路和稳压电路四部分构成，组成框图和每部分的输出波形如图 3.7-1 所示。

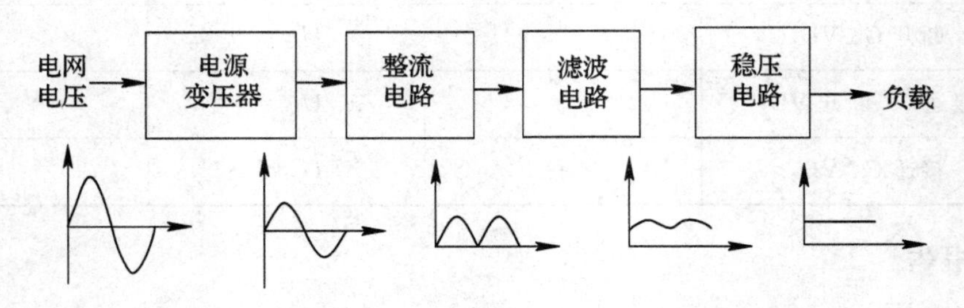

图 3.7-1 直流稳压电源组成框图

2. 桥式整流电路

利用二极管的单向导电性，可设计半波、全波、桥式等整流电路，将交流电压变为脉动的直流电压。单相桥式整流电路如图 3.7-2 所示。

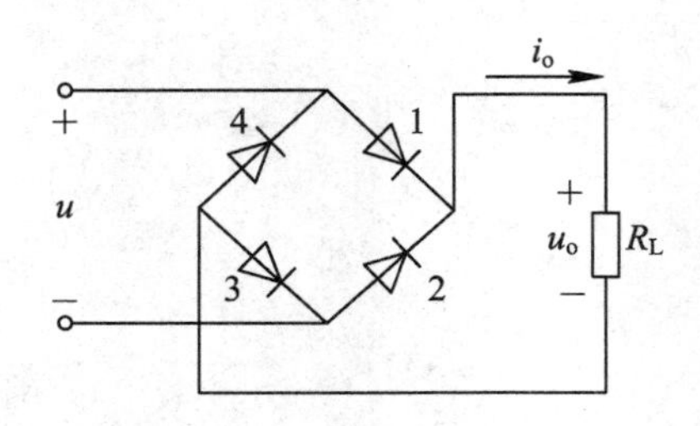

图 3.7-2 单相桥式整流电路

桥式整流电路的输出电压的平均值 $U_o = \frac{1}{2\pi}\int_0^{2\pi}\sqrt{2}U\sin\omega t\,d(\omega t) = \frac{2\sqrt{2}}{\pi}U = 0.9U$；

将 U_o 进行傅立叶级数展开，得到其基波电压最大值为 $U_{o1m} = \frac{4\sqrt{2}}{3\pi}U$。

根据脉动系数的定义，即脉动系数等于输出电压的基波最大值 U_{o1m} 与输出直流电压值 U_o 之比，可知桥式整流电路的脉动系数为

$$S = \frac{U_{o1m}}{U_o} = \frac{4\sqrt{2}U/3\pi}{2\sqrt{2}U/\pi} = \frac{2}{3} = 0.67$$

3. 滤波电路

利用电抗元件的储能作用，可将脉动的直流电压变为平滑的直流电压，如电容滤波电路、LC 滤波电路等，其输出波形如图 3.7-3 所示。

放电时间常数 $\tau = R_L C$ 越大，电容充放电越慢，负载上的平均电压越高，负载电压中的波纹成分越少。因此，为保证效果，滤波电容容量应选择较大的，一般采用电解电容器，且要求：

$$\tau = R_L C \gg \frac{(3\sim5)T}{2}$$

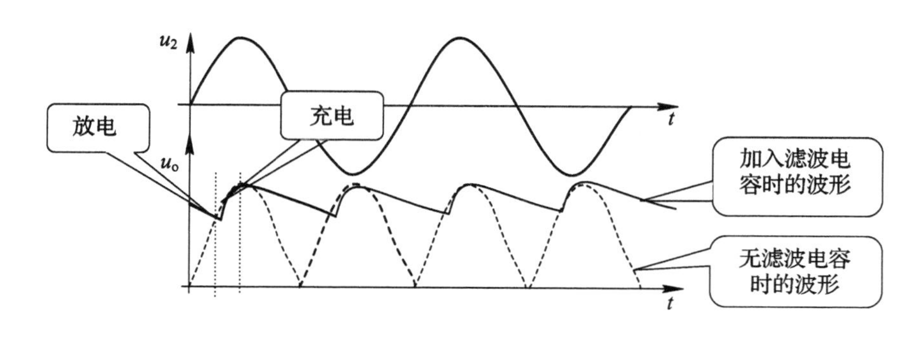

图 3.7-3　滤波电路输出波形图

电容滤波电路中，输出电压平均值随电流的变化而变化。当整流电路的内阻较小，且电容放电时间满足上式时，电容滤波电路的输出直流电压可按照下式进行估算：

$$U_o \approx 1.2U$$

脉动系数为

$$S = \frac{U_{o1m}}{U_o} \approx \frac{1}{4\frac{RC}{T} - 1}$$

4. 集成稳压电路

集成负反馈串联稳压电路的基本要求是 $U_i - U_o \geqslant 2$ V。该电路主要分为三个系列：固定正电压输出的 78 系列、固定负电压输出的 79 系列、可调三端稳压器 X17 系列。

78 系列中输出电压有 5 V、6 V、9 V 等，按输出最大电流分类有 1.5 A 型号的 78XX(XX 为其输出电压)、0.5A 型号的 78MXX、0.1A 型号的 78LXX 三类。79 系列

中输出电压有－5 V、－6 V、－9 V 等，同样按输出最大电流分为三类，标识方法一样。

可调式三端稳压器按工作环境温度要求不同分为三种型号，能工作在－55 到 150 摄氏度的为 117，能工作在－25 到 150 摄氏度的为 217，能工作在 0 到 150 摄氏度的为 317，同样根据输出最大电流不同分为 X17、X17M、X17L 三类，其输入输出电压差要求在 3 V 以上。

本次实验中使用的是 LM7805，可稳定输出＋5V 的直流电压。典型的 LM7805 集成稳压标准电路如图 3.7－4 所示，其中二极管 VD 用于保护，防止输入端突然短路时电流倒灌，损坏稳压块。两个电容用于抑制纹波与高频噪声。

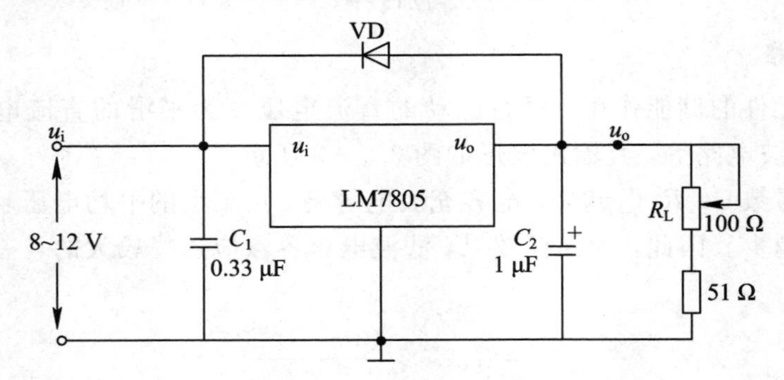

图 3.7－4　典型的 LM7805 集成稳压标准电路

三、实验仪器设备

实验箱及相关电路板一套，数字双踪示波器一台，数字万用表一块，连接导线若干。

四、实验内容及步骤

1. 交流变压器输出

按照图 3.7－5 所示，连接实验箱上变压器 14 V 输出部分。测量变压器输出电压 u_1 的波形，以及对应的交流分量、直流分量，填入表 3.7－1 中，并计算脉动系数。

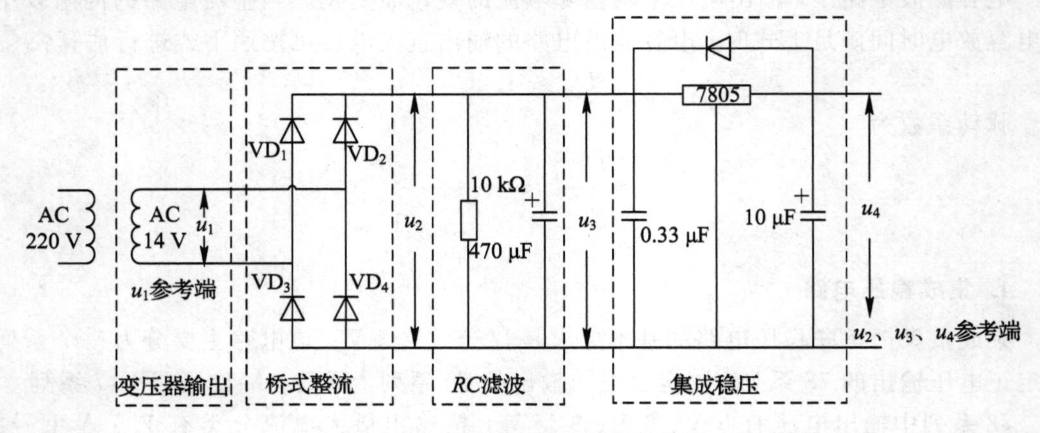

图 3.7－5　整流、滤波及稳压电路

注：变压器输出波形是频率为 50 Hz 的正弦波形，其直流分量在用万用表直流电压挡测量时，在 0 附近不停跳动，记为 0 即可。测量时应注意参考端。

2. 桥式整流电路输出

利用 4 个二极管组成桥式整流电路，按照图 3.7－5 继续连接桥式整流部分。为减小电流，接入阻值为 10 kΩ 的电阻，观察并记录桥式整流部分输出电压 u_2 的波形，以及对应的交流分量、直流分量，填入表 3.7－1 中，并计算脉动系数 $S=U_{交}/U_{直}$。

注：经过桥式整流之后，已经有部分交流分量转化为直流分量，注意此时 u_2 的参考端。

3. *RC* 整流滤波电路输出

利用电阻与电容并联组成 *RC* 滤波电路，按照图 3.7－5 继续连接 *RC* 滤波部分。由于步骤 2 中 10 kΩ 的电阻已经接入，故此步骤中只需并联电容即可，连线时应注意电解电容的正负极。

电容分别取 10 μF 和 470 μF。观察并记录在不同电容值的情况下，*RC* 滤波电路输出电压 u_3 的波形，以及对应的交流分量、直流分量，填入表 3.7－1 中，并计算脉动系数 $S=U_{交}/U_{直}$。

注：当示波器耦合方式选择为直流时，由于 u_3 的直流分量较大，波形超过示波器显示范围，故观察不到。为更直观地显示电压的滤波效果，将示波器耦合方式选择为交流，此时 u_3 的波形仅显示电压交流脉动的部分，直流分量部分被滤掉。

RC 滤波效果取决于时间常数 $\tau=RC$ 的大小。电阻一定的情况下，电容越大，滤波效果越好。

4. 集成稳压电路的输出

利用集成稳压电路 LM7805，按照图 3.7－5 继续连接稳压电路部分，测量稳压电路的输出 u_4 对应的交流分量、直流分量，填入表 3.7－1 中，并计算脉动系数 $S=U_{交}/U_{直}$。

注：经过集成稳压之后的输出为直流电压，其波形无需记录，其直流分量应在 5 V 左右，测量时注意参考端。

表 3.7－1

	$U_{交}$	$U_{直}$	$S=\frac{U_{交}}{U_{直}}$
U_1			
U_2			
U_3			
U_4			

注意：

① 本实验是将 220 V 交流电转化成 5 V 直流电输出的，实验时应注意安全。

② 实验前，注意检查实验箱上变压器部分的保险管，如有损坏及时更换。

③ 实验过程中，观察波形时，注意按实验步骤进行，同时要区分示波器接头的“地线”连接位置。

④ 实验前，应复习直流稳压电源中整流、滤波、稳压电路的组成及各部分功能。

⑤ 实验前，应根据电路给定的参数，计算每步骤中输出电压的交、直流分量的理论值。

五、实验报告

(1) 画出实验电路图，整理实验数据并打印出保存的波形图。

(2) 根据实验步骤计算每个步骤中输出电压的交、直流分量的理论值，并与测量值进行比较，分析误差可能出现的原因。

(3) 回答思考题。

(4) 总结实验心得体会。

思 考 题

1. 电压脉动系数反映了电源的什么性能指标？
2. LM7805 上并联的二极管起到什么作用？
3. LM7805 输入端、输出端并联的电容分别起什么作用？

3.8　可控硅整流电路

一、实验目的

(1) 观察可控硅触发电路移相性能及各点电压波形；

(2) 观察可控硅整流输出电压与控制角的关系。

二、实验原理

本实验采用半控桥式整流电路，如图3.8-1所示。触发电路采用单结晶体管元件组成，其中晶体管V_2为变阻管，晶体管V_1用来放大直流控制电压，控制电压由电阻R_2和电位器R_P分压取得。调节R_P以改变控制电压大小，当R_P触点向上移动时，控制电压由小变大，经V_1放大后使V_2集电极电流增大，使电容C_2充电速度增快，输出尖脉冲往前移，可控硅导通角也相应地由小变大(控制角α变小)，主电路输出直流电压增大，反之则输出直流电压减小。

三、实验设备仪器

双踪示波器一台，自耦变压器一台，数字万用表一块，电子综合实验台一套(含直流稳压电源、直流毫安表、可控硅整流电路实验板)，实验专用连接软导线若干。

四、实验内容及步骤

(1) 熟悉实验电路板图3.8-1。将变压器副边的交流输出电压值18 V和24 V分别接入图3.8-1中的主电路和触发电路的电源输入端。

(2) 触发电路测试。调节电位器R_P取得适当的控制电压，用示波器观察电路中以下各点的波形：输入24 V交流电压(u_o)的波形；电容器C_2上的电压(u_C)的波形；电阻R_7上的电压(u_d)的波形。

(3) 全电路测试。调节电位R_P，使控制角α分别为60°、90°、120°。观测并记录以下各点电压的波形(示波器所显示波形所读出α角只能是近似值)填入表3.8-1中。

在控制角α分别为60°、90°、120°、180°时，用万用表测量可控硅整流电路输出直流电压(U_L)，填入表3.8-2中，并注意观察小灯泡的亮度变化情形。

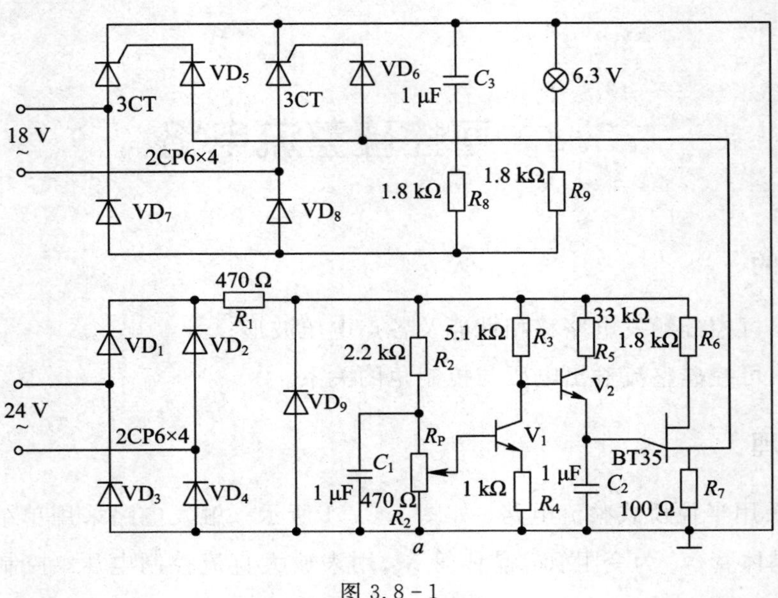

图 3.8-1

表 3.8-1

角度 / 电压	α=60°	α=90°	α=120°
u_o			
u_c			
u_d			

表 3.8-2

控制角 α	60°	90°	120°	180°
U_L				

五、实验报告

1. 在表格中，画出观测到的各电压波形。

2. 试分析调节电位器 R_P 控制的半控桥式整流电路中，负载电压 U_L 的工作过程。

3. 如果在触发电路 a 点到地接一只 100 μF 电容器。电位器 R_P 还能否控制 U_L 的大小？为什么？

第4章

数字电子技术实验

4.1 集成门电路的逻辑功能测试

一、实验目的

(1) 掌握 TTL 逻辑门功能的测试方法；

(2) 熟悉 TTL 与非门主要参数的测定方法；

(3) 了解三态门的逻辑功能；

(4) 学习查阅集成电路器件手册，熟悉与非门的外形和引脚。

二、实验原理

(1) 在逻辑电路中，用“1”表示高电平，“0”表示低电平的这种关系称之为正逻辑关系。反之，则为负逻辑关系。本实验采用正逻辑关系。

(2) TTL 与非门的主要参数。

① 输出高电平 U_{OH}：空载时，U_{OH} 必须大于标准高电压，即 $U_{OH}>2.4$ V(接有拉电流负载时，U_{OH} 将下降)。

② 输出低电平 U_{OL}：空载时，U_{OL} 必须小于标准低电压，即 $U_{OL}<0.4$ V(接有灌电流负载时，U_{OL} 将上升)。

③ 利用电压传输特性不仅能检查和判断 TTL 与非门的好坏，还可以从传输特性上直接测出主要的静态参数。

三、实验仪器设备

数字实验箱一台，双踪示波器一台，万用表一块，集成电路 74LS00、74LS20、74LS32、74LS125 芯片各一块，实验专用软导线若干。

四、实验内容及步骤

1. 集成电路 74LS20 双四输入与非门功能的测定

将 74LS20 与非门的四个输入端(如图 4.1－1(a)所示)分别接至四个数据开关，输出接电平指示。改变输入状态高低电平，观察输出状态，并填入表 4.1－1 中，写出 Y 的表达式。集成电路 74LS20 芯片管脚如图 4.1－1(b)所示。

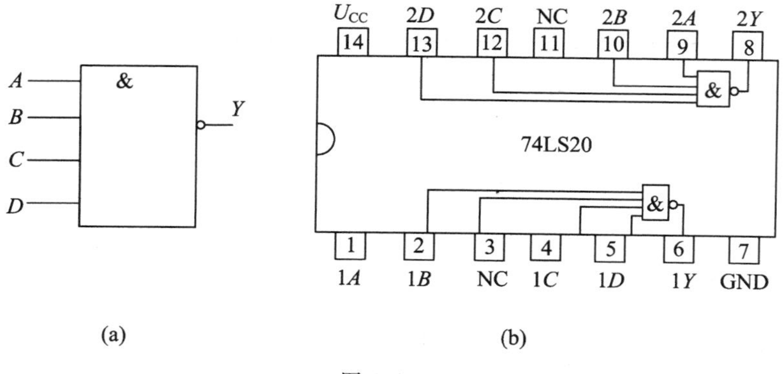

图 4.1-1

表 4.1-1

A	0	0	0	0	0	0	0	0	1	1	1	1	1	1	1	1
B	0	0	0	0	1	1	1	1	0	0	0	0	1	1	1	1
C	0	0	1	1	0	0	1	1	0	0	1	1	0	0	1	1
D	0	1	0	1	0	1	0	1	0	1	0	1	0	1	0	1
Y																

2. 集成电路 74LS32 四双输入或门功能测定

按照图 4.1-2(a)所示，将 A、B、C、D 四个输入端分别接至四个数据开关，输出接电平指示。改变输入状态高低电平，观察输出状态，并填入表 4.1-2 中，写出 Y 的表达式。集成电路 74LS32 芯片管脚如图 4.1-2(b)所示。

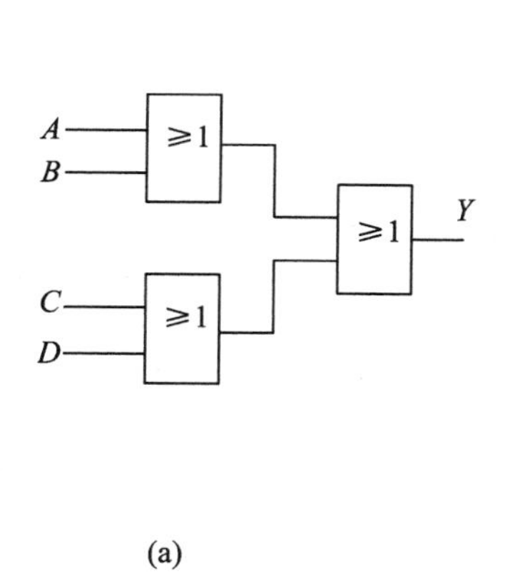

(a)

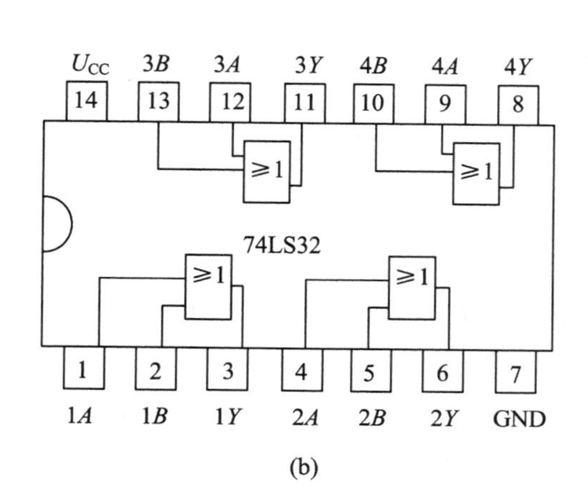

(b)

图 4.1-2

表 4.1-2

A	0	0	0	0	0	0	0	0	1	1	1	1	1	1	1	1
B	0	0	0	0	1	1	1	1	0	0	0	0	1	1	1	1
C	0	0	1	1	0	0	1	1	0	0	1	1	0	0	1	1
D	0	1	0	1	0	1	0	1	0	1	0	1	0	1	0	1
Y																

3. 集成电路 74LS00 与非门电压传输特性的测定

电压传输特性的测试方法有很多，最简单的方法是逐点测试法。将集成电路 74LS00 按照图 4.1-3(a)连线，改变 R_P 的值，用万用表分别测量 U_i 和 U_o，并将对应的值填入表 4.1-3 中，画出与非门电压传输特性曲线图。集成电路 74LS00 芯片管脚如图 4.1-3(b)所示。

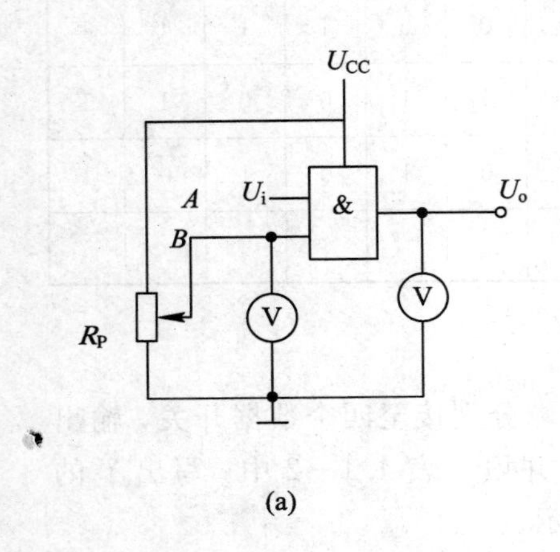

(a)

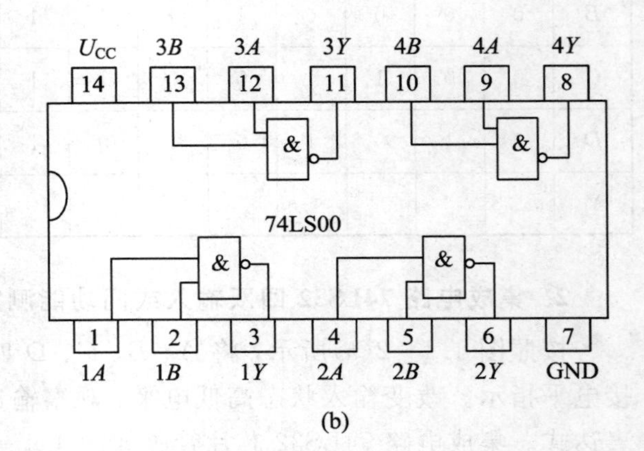

(b)

图 4.1-3

表 4.1-3

R_P/kΩ	1.0	1.5	1.8	2.0	3.0	4.0	6	8	10	15
U_i/V										
U_o/V										

*** 用示波器观察电压传输特性曲线。**

测试电路如图 4.1-3(a)所示，将输入电压 U_i 接入示波器 X 轴输入端，输出电压 U_o 接 Y 轴输入端(Y_A 或 Y_B)，调节电位器 R_P，在屏幕上可显现输出电压随输入电压变化的光点移动轨迹，即电压传输特性曲线。

4. 输入端负载特性的测试

将 74LS00 按照图 4.1-4 接线，改变 R_P 的值，用万用电表测量对应 U_i 值，并填入表 4.1-4 中。

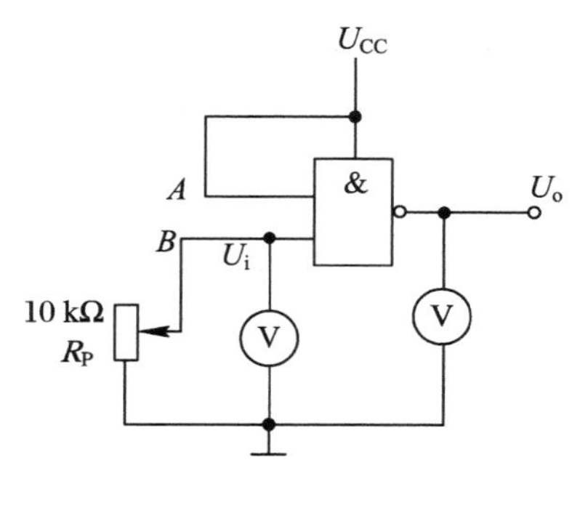

图 4.1-4

表 4.1-4

U_i/V	0	0.5	0.7	0.9	1.0	1.2	1.5	1.8	2.0	2.5	3.5
U_o/V											

5. 集成电路 74LS125 三态门逻辑功能测试

TTL 三态输出门是一种特殊的门电路。它与普通的 TTL 门电路结构不同，它的输出端除了通常的高电平、低电平两种状态外（这两种状态均为低阻状态），还有第三种输出状态——高阻状态，处于高阻状态时，电路与负载之间相当于开路。三态输出门逻辑功能及控制方式有各种不同类型。在实验中，所用的三态输出门的型号是 74LS125（三态输出四总线缓冲器）。三态电路的主要用途之一是实现总线传输，即用一个传输信道（称总线），以选通方式传送多路信息。

将三态输出门 74LS125 按照图 4.1-5(a)电路连接。A、B 端为信号输入端，$\overline{G}$ 端为控制端，它们均为接入数据开关，将输出端 Y 接电平指示。改变输入状态高低电平，并将测试结果填入表 4.1-5 中。集成电路 74LS125 芯片管脚如图 4.1-5(b)所示。

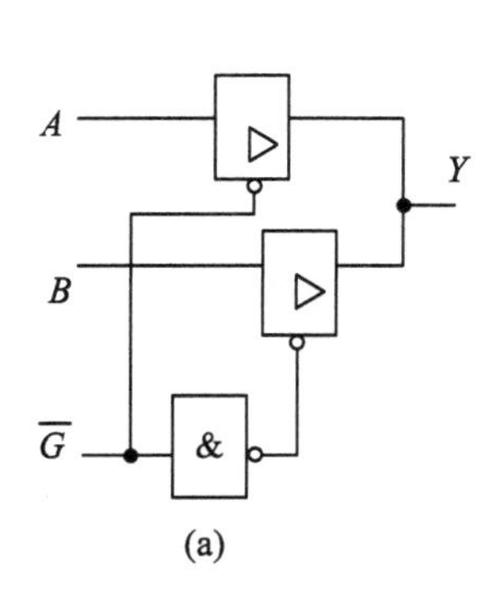

(a)

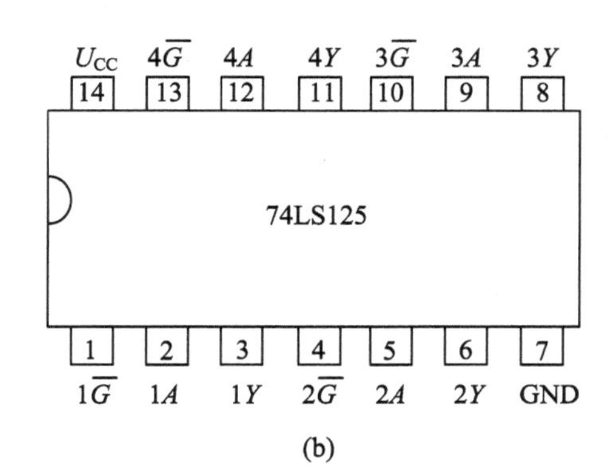

(b)

图 4.1-5

表 4.1-5

$\overline{G}$	A	B	Y
0	0	0	
0	0	1	
0	1	0	
0	1	1	
1	0	0	
1	0	1	
1	1	0	
1	1	1	

6. 三人表决器功能测试

用两片集成电路74LS00与非门连接如图4.1-6所示的三人表决器，将A、B、C三端接至数据开关输入端，再将Y端接至电平指示输出端，改变输入状态高低电平，观察电路输出结果并填入表4.1-6中，写出函数表达式。

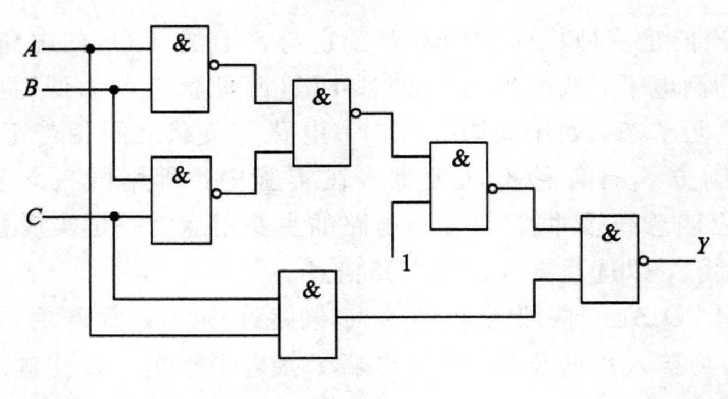

图 4.1-6

表 4.1-6

A	B	C	Y
0	0	0	
0	0	1	
0	1	0	
0	1	1	
1	0	0	
1	0	1	
1	1	0	
1	1	1	

7. 奇偶校验器功能测试

由集成电路 74LS86(异或门)实现奇偶校验运算，是数字信号通信中最简单的一种校验方法，其校验电路连线图如图 4.1-7(a)所示，用三个异或门组成四位数字校验。当 $ABCD$ 的高电平为奇数时，输出为高电平；反之为低电平，测试结果填入表 4.1-7 中。集成电路 74LS86 芯片管脚如图 4.1-7(b)所示。

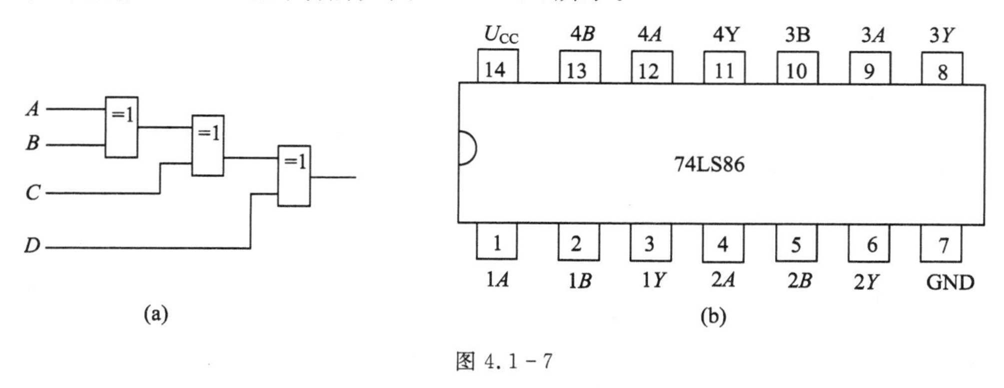

图 4.1-7

表 4.1-7

输入：$ABCD$	奇偶性	输出：Y 显示
0000		
0001		
0011		
0101		
0111		
1111		

五、实验报告

(1) 记录实验测得的数据。

(2) 用方格纸画出电压传输特性曲线，并从曲线中读出有关参数。

(3) 分析总结与非门、或门、三态门的特点和逻辑关系。

1. 为什么 TTL 与非门的输入端悬空相当于逻辑“1”电平？

2. 集成电路有关引脚规定接“1”电平，在实际电路中，为什么不能悬空，而必须接 U_{CC}？

3. 分析多谐振荡器的频率和单稳态电路的脉宽与电路有关参数的关系。

4.2 组合逻辑电路

一、实验目的

(1) 掌握逻辑电路的基本概念、组成和特点及一般设计方法；

(2) 熟悉七段译码器、数据选择器、全加器的工作原理及数码管的使用方法；

(3) 了解加法器的电路构成；

(4) 在电路设计中使用新器件，使电路简化并降低成本。

二、实验原理

在数字系统中，经常需要进行算术运算、逻辑操作及数字大小比较等操作，实现这些运算功能的电路是加法器。加法器是一种组合逻辑电路，其主要功能是实现二进制数的算术加法运算。

三、实验仪器设备

万用表一块，直流稳压电源一台，数字实验箱一台，集成电路 74LS00 两片，集成电路 74LS20、74LS148、74LS48、74LS283、74LS86、七段数码管各一片。

四、实验内容及步骤

1. 加法器功能测试

四位加法器功能测试和显示电路如图 4.2-1 所示。

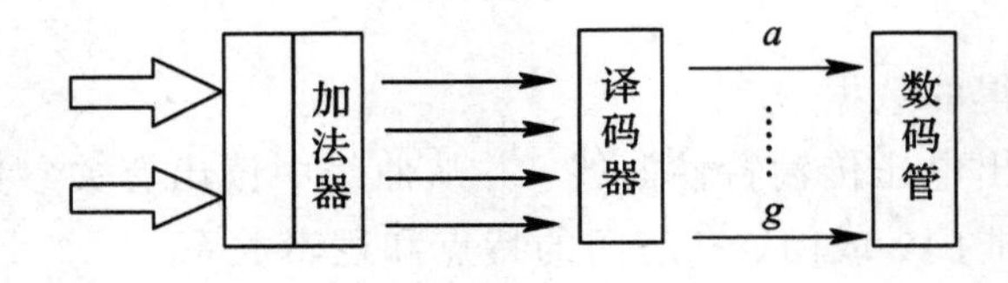

图 4.2-1 四位加法器

用一片集成电路 74LS283 实现四位二进制相加。C_0 是来自低位的进位，接低电平。C_4 是向高位的进位，$A_4A_3A_2A_1$ 和 $B_4B_3B_2B_1$ 分别为加数和被加数，其各位的和为 $S_4S_3S_2S_1$，编码为 8421 二进制代码。

(1) 输入信号 $A_4A_3A_2A_1$ 和 $B_4B_3B_2B_1$ 分别接至 8 个数据开关，输出信号 $S_4S_3S_2S_1$ 接至电平指示灯，完成加法运算功能。74LS283 芯片管脚如图 4.2-2 所示。

(2) 为了可以直观地对 $S_4S_3S_2S_1$ 用 74LS48 实现解码，分别将输出信号 $S_4S_3S_2S_1$ 接至译码器 74LS48 的 D、C、B、A 端(输入端)，再将 74LS48 中 a、b、c、d、e、f、g 端

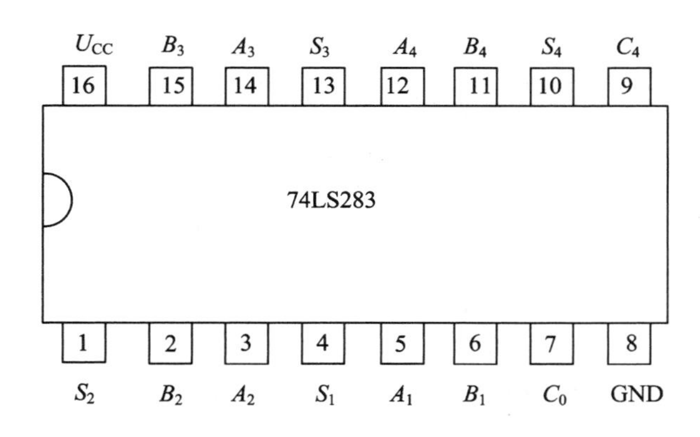

图 4.2-2　74LS283 芯片管脚

接至数码管对应的各端，并把结果填入表 4.2-1 中。集成电路 74LS48 芯片管脚如图 4.2-3(a)所示，七段数码管管脚如图 4.2-3(b)所示。

表 4.2-1

$A_4A_3A_2A_1$ 加数	$B_4B_3B_2B_1$ 被加数	C_0 和	C_4 进位	$S_4S_3S_2S_1$ 结果（二进制）	数码管显示（十进制）
0000	0000		0		0
0001	0000		0		1
0001	0001		0		2
0001	0010		0		3
0001	0011		0		4
0001	0110		0		5
0001	0101		0		6
0001	0110		0		7
0001	0111		0		8
0001	1000		0		9
0001	1001		0		10
0001	1010		0		11
0001	1011		0		12
0001	1100		0		13
0001	1101		0		14
0001	1110		1		灭零

(3) 由加法器、译码器、数码管组成的计数译码与显示电路，可实现四位数的加法运算，其电路计算结果填入表 4.2-1 中。

说明：CMOS 管和 TTL 系列管的高电平都在 3.6 V 以上，而数码管是由二极管组成的，如果在二极管两端加的电压太高或通过二极管的电流太大都可能会烧毁管子，为保证数码管安全工作，必须在公共极加限流电阻，限流电阻的阻值为 1 kΩ 左右。

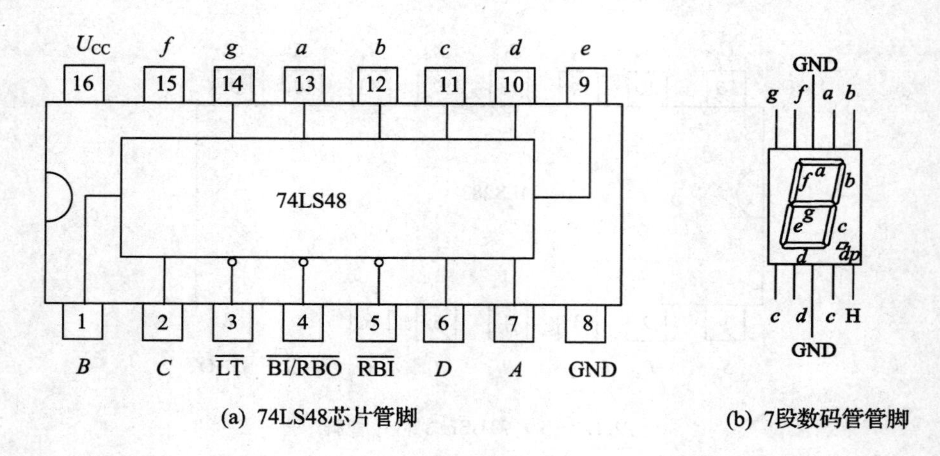

图 4.2-3　74LS48 和 7 段数码管管脚示意图

2. 全加器功能测试

将 A_1、B_1、C_0 三端接至数据开关输入端，再将 S_1 和 C_1 端接至电平指示输出端，根据真值表 4.2-2 验证全加器的逻辑功能，写出函数表达式。

图 4.2-4(a)为 1 位全加器的逻辑符号图，其中，A_i 为被加数，B_i 为加数，C_{i-1} 为低位进位，C_i 为高位进位，S_i 为本位和。i 表示第 i 位。

图 4.2-4(b)为双 1 位全加器 74LS183 元件的管脚平面图。

图 4.2-4(c)为全加器实验接线图。

图 4.2-4(d)为四 2 输入异或门 74LS86 元件的管脚平面图。

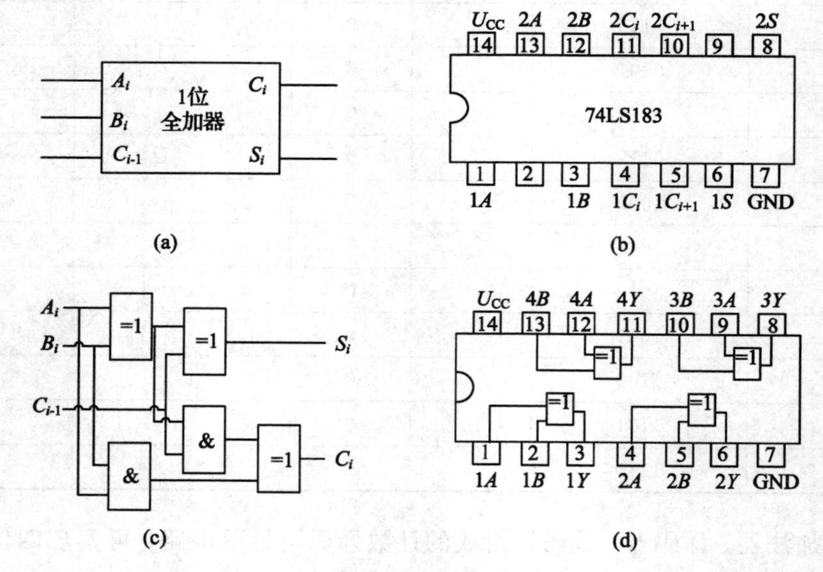

图 4.2-4　全加器

表 4.2-2

A_1	B_1	C_0	S_1	C_1
0	0	0		
0	0	1		
0	1	0		
0	1	1		
1	0	0		
1	0	1		
1	1	0		
1	1	1		

3. "8 线-3 线"优先编码器功能测试

集成电路 74LS148 组成的"8 线-3 线"优先编码器按照图 4.2-5(a)连线，输入端 $I_0 \sim I_7$ 接至数据开关，输出端 A、B、C 分别接至电平指示灯。观察电路的输出状态，并将结果填入表 4.2-3 中。74LS148 芯片管脚如图 4.2-5(b)所示。

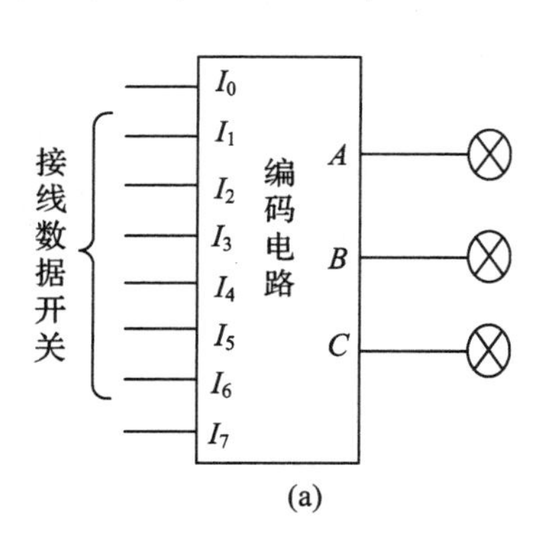

(a)

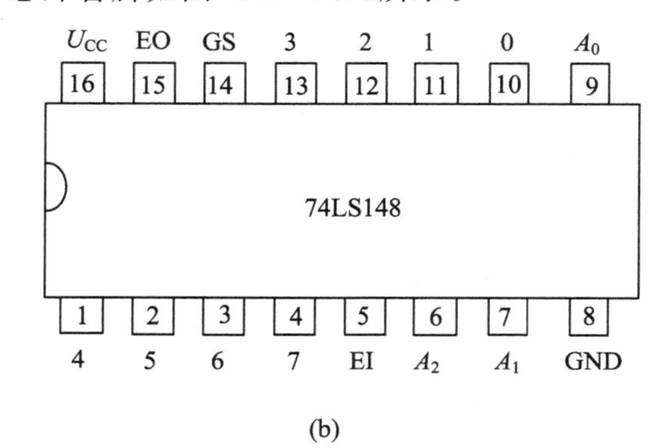

(b)

图 4.2-5

表 4.2-3

I_7	I_6	I_5	I_4	I_3	I_2	I_1	I_0	CBA
0	×	×	×	×	×	×	×	
1	0	×	×	×	×	×	×	
1	1	0	×	×	×	×	×	
1	1	1	0	×	×	×	×	
1	1	1	1	0	×	×	×	
1	1	1	1	1	0	×	×	
1	1	1	1	1	1	0	×	
1	1	1	1	1	1	1	0	

五、实验报告

(1) 绘出集成电路连线图，整理实验数据。

(2) 分析实验中出现的问题。

(3) 总结组合逻辑电路的特点和一般设计分析方法。

1. 能否用其他逻辑门实现半加器和全加器?

2. 集成电路 74LS283 低位进位 C_0 端的作用是什么? 74LS283 可完成的二进制加法运算的范围是多少?

3. 用集成电路 74LS283 和适当的门电路设计一个和大于等于 7 的判定电路。设计步骤如下:

(1) 据设计任务的要求，列出真值表。

(2) 利用卡诺图或代数化简法求出最简单的逻辑表达式。

(3) 据逻辑表达式，画出逻辑图，用标准器件构成电路。

(4) 实验验证设计的正确性。

4. 设计一个加减器。在变量 M 的控制下，电路既能做加法运算又能做减法运算(提示：在全加器基础上加一控制变量 M，当 $M=0$ 时，做加法操作；当 $M=1$ 时，做减法操作)。

(1) 根据设计任务的要求，列出真值表。

(2) 用卡诺图或代数化简法求出最简单的逻辑表达式。

(3) 根据逻辑表达式，画出逻辑图，用标准器件构成电路。

(4) 用实验来验证设计的正确性。

4.3 触发器

一、实验目的

(1) 了解触发器的构成方法和工作原理；
(2) 掌握基本 RS 触发器、D 触发器、JK 触发器的逻辑功能；
(3) 熟悉异步置位、复位及输入信号 R_d 和 S_d 的控制作用；
(4) 测试触发器的有关参数。

二、实验原理

触发器按照逻辑功能分为：RS 触发器、D 触发器、JK 触发器和 T 触发器。
触发脉冲的触发形式分为：高电平触发、低电平触发、上升沿触发和下降沿触发。
本实验将完成对 RS 触发器、D 触发器和 JK 触发器的逻辑功能测试。

三、实验仪器设备

万用表一块，直流稳压电源一台，数字实验箱一台，集成电路 74LS00、74LS74、74LS112 各一片，实验专用软导线若干。

四、实验内容及步骤

1. 基本 *RS* 触发器逻辑功能测试

用 74LS00 与非门按图 4.3-1(a)连接成一个基本 RS 触发器。将 $\overline{R}_d$ 和 $\overline{S}_d$ 端接至逻辑开关，Q、$\overline{Q}$ 接至发光二极管，改变 $\overline{R}_d$ 和 $\overline{S}_d$ 的状态，观察 Q、$\overline{Q}$ 的变化，将测量的数据填入表 4.3-1 中，并写出电路特征方程表达式。集成电路 74LS00 芯片管脚如图 4.3-1(b)所示。

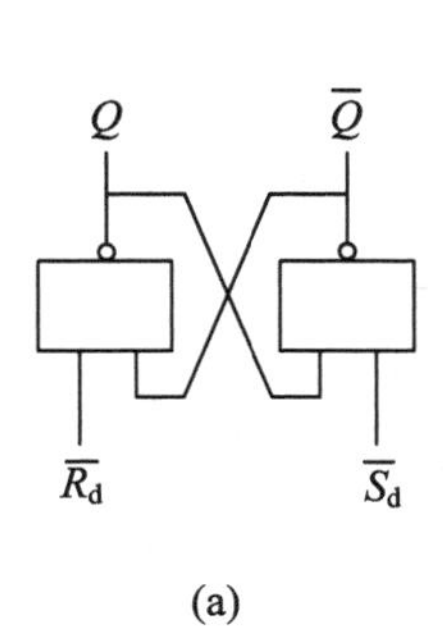

(a)

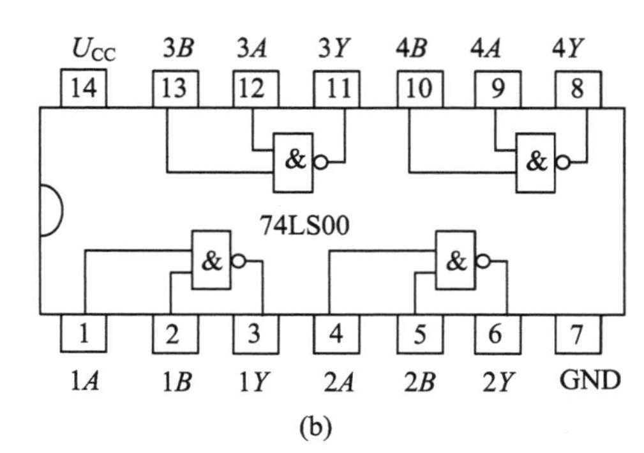

(b)

图 4.3-1

基本 RS 触发器的特征方程为：$Q^{n+1}=S+\overline{R}Q^n$，约束条件为 $RS=0$。其中，Q^n 为现态，Q^{n+1} 为次态。

表 4.3-1

$\overline{R}_d$	$\overline{S}_d$	Q^n	Q^{n+1}
0	0		
0	1		
1	0		
1	1		

2. *D* 触发器逻辑功能测试

将 D 触发器 74LS74 按图 4.3-2(a)连接，输入信号 $\overline{R}_d$、$\overline{S}_d$ 和 D 端分别接至逻辑开关，CP 连接单脉冲，输出信号 $\overline{Q}$、Q 接至电平指示灯。改变 D 的状态，发送单脉冲信号，观察 Q^n、Q^{n+1} 的状态变化，并填入表 4.3-2 中。

表 4.3-2

输入				输出	
$\overline{R}_d$	$\overline{S}_d$	CP	D	Q^n	Q^{n+1}
0	1	×	×		
1	0	×	×		
1	1	↑	0		
1	1	↑	0		
1	1	↑	1		
1	1	↑	1		

D 触发器正常工作时，必须将 $\overline{R}_d$ 和 $\overline{S}_d$ 均置成高电平。集成电路 74LS74 管脚如图 4.3-2(b)所示。

D 触发器的特征方程为：$D=Q^{n+1}$。

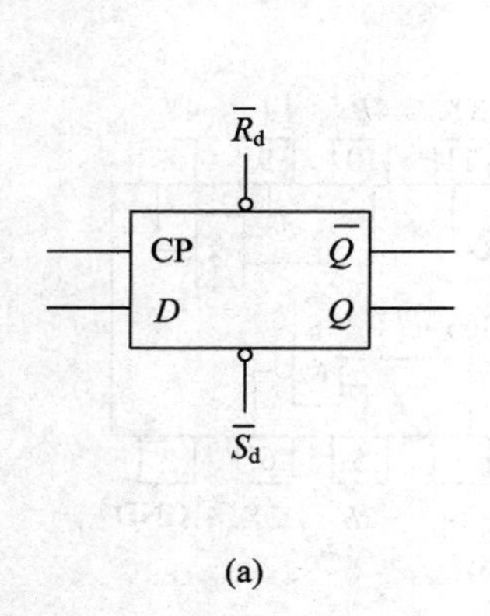

(a)

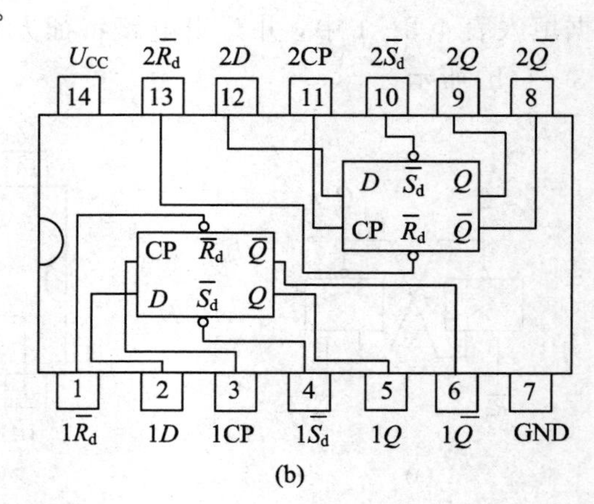

(b)

图 4.3-2

3. *JK* 触发器逻辑功能测试

JK 触发器是数字电路触发器中的一种基本电路单元。*JK* 触发器具有置 0、置 1、保持和翻转功能。在各类集成触发器中，*JK* 触发器的功能最为齐全。在实际应用中，它不仅有很强的通用性，而且能灵活地转换为其他类型的触发器。由 *JK* 触发器可以构成 *D* 触发器和 *T* 触发器。*JK* 触发器的特征方程为：$S=JQ$，$R=KQ$。

(1) 将 *JK* 触发器 74LS112 按照图 4.3－3(a)连接，分别将输入端 J、K、$\overline{R}_d$、$\overline{S}_d$ 接至逻辑开关，CP 接单脉冲，输出端 $\overline{Q}$、Q 接至电平指示灯。改变 J、K 状态，观察 Q^n、Q^{n+1} 的状态变化，并填入表 4.3－3 中。*JK* 触发器 74LS112 的管脚排列图如图 4.3－3(b)所示。

(2) 将触发器的 J、K 端分别接至高电平，CP 接连续脉冲，用双踪示波器观察 CP、Q^n、Q^{n+1} 各点的波形。

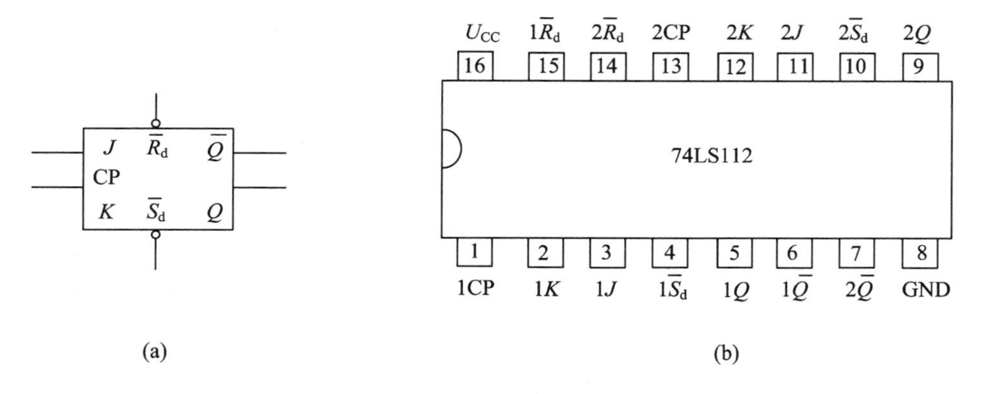

图 4.3－3

表 4.3－3

输入					输出	
$\overline{R}_d$	$\overline{S}_d$	CP	J	K	Q^n	Q^{n+1}
0	1	×	×	×		
1	0	×	×	×		
1	1		0	0		
			0	1		
			1	0		
			1	1		

五、实验报告

(1) 记录整理各触发器功能测试数据，对测试数据及波形作出分析判断。

(2) 说明 $\overline{R}_d$、$\overline{S}_d$ 输入端的作用。

(3) 写出特征方程，画出状态转换图和时序图。

思　考　题

1. 如果基本 RS 触发器由两个与非门组成，$\overline{R}_d$、$\overline{S}_d$ 输入端加上什么电平会使触发器出现不定状态？

2. 在 CP＝1，D＝0 的条件下，触发器置“1”，应怎么办？

4.4　计数器设计与应用

一、实验目的

（1）掌握二进制计数器和十进制计数器的工作原理和使用方法；
（2）熟悉同步计数器和异步计数器设计的方法及异同点；
（3）了解计数器和分频器的联系与区别。

二、实验原理

计数器是典型的时序电路，它用来累计和记忆输入脉冲的个数。

计数器可分为同步计数器和异步计数器两种。同步时序电路中的所有触发器共享一个时钟信号，即所有触发器的状态转换发生在同一时刻。而异步时序电路则不同，它不再共享一个时钟信号，也就是说所有触发器的状态转换不一定发生在同一时刻。

计数器从零开始计数，具有“置零(清除)”功能。此外，计数器还有“预置数”的功能，通过预置数据于计数器中，可以使计数器从任意值开始计数。

三、实验仪器设备

万用表一块，直流稳压电源一台，数字实验箱一台，集成电路 74LS00、74LS20、74LS161、74LS290 各一片，实验专用软导线若干。

四、实验内容及步骤

1. 同步十进制计数器设计

用集成电路 74LS161 和 74LS00 可设计十进制计数器。

按照图 4.4-1 可连接一个十进制计数器。图 4.4-1(a)为异步清零法十进制计数器，

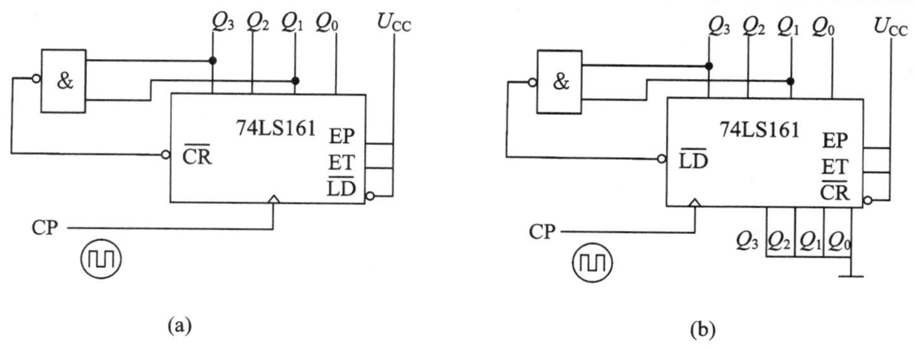

图 4.4-1

图4.4-1(b)为同步置数法十进制计数器，将它们的计数结果分别填入表4.4-1、表4.4-2中。

集成电路 74LS161 和 74LS00 的管脚分别如图 4.4-2(a)和图 4.4-2(b)所示。

表 4.4-1

输入 CP	控制信号			输出(二进制)				输出(十进制)
计数脉冲个数	EP	ET	$\overline{LD}$	Q_3	Q_2	Q_1	Q_0	$DCBA$
1	1	1	1					
2								
3								
4								
5								
6								
7								
8								
9								
10								

表 4.4-2

输入 CP	控制信号							输出(二进制)				输出(十进制)
计数脉冲个数	EP	ET	$\overline{CR}$	D_3	D_2	D_1	D_0	Q_3	Q_2	Q_1	Q_0	$DCBA$
1	1	1	1	清零:0 罗数:0	0 0	0 1	0 1					
2												
3												
4												
5												
6												
7												
8												
9												
10												

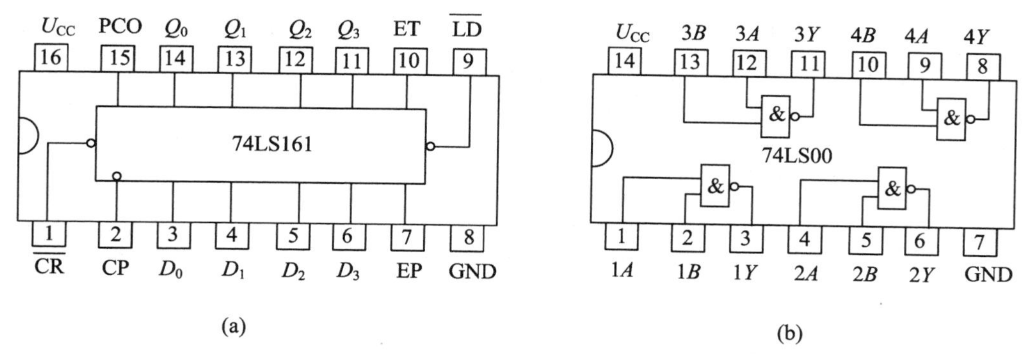

图 4.4－2

2. 异步四位二进制计数器设计

用四个 D 触发器(或 JK 触发器)串接起来，可组成四位异步二进制计数器。计数器的每级按逢二进一的计数规律，由低位向高位进位，可以对输入的一串计数脉冲进行计数，并以十六为一个计数循环，其累计的脉冲数等于 2^N(N 为计数的位数)。图 4.4－3(b)是 D 触发器 74LS74 的管脚图。

(1) 按照图 4.4－3(a)所示连接实验线路。

(2) 清零：使各计数器处在 Q＝“0”的状态。

(3) 计数：送第一个脉冲时，计数器为 0001 状态；送第二个脉冲时，最低位计数器

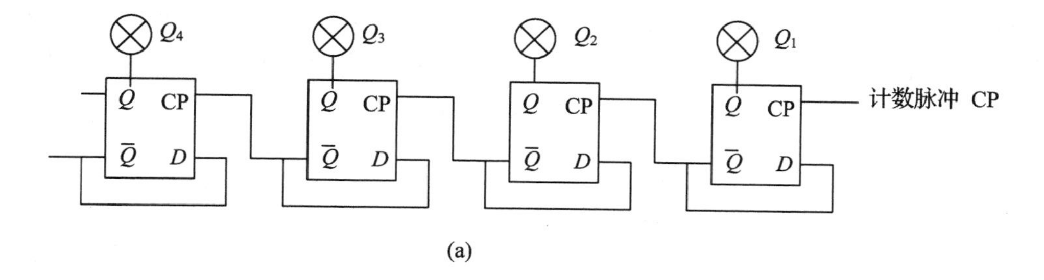

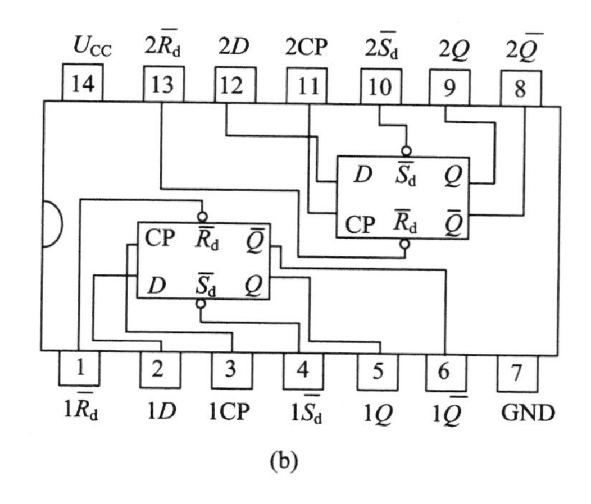

图 4.4－3

由1到0，并向高位送出一个进位脉冲，使第二级触发器翻转成为0010状态。以此类推，分别送入16个脉冲，将观察计数结果填入表4.4-3中。

表4.4-3

输入CP	输出(二进制)				输入CP	输出(二进制)			
计数脉冲个数	Q_4	Q_3	Q_2	Q_1	计数脉冲个数	Q_4	Q_3	Q_2	Q_1
1					9				
2					10				
3					11				
4					12				
5					13				
6					14				
7					15				
8					16				

3. 异步三位二进制计数器设计

用3个*JK*触发器构成三位二进制异步计数器，按照图4.4-4(a)接线，由于触发器的触发脉冲是由低一位的输出来提供的，计数器中每一个触发器接收到的触发脉冲均不同步，故称为异步计数器。首先，最低位Q_1的CP端接单步脉冲开关，按动开关，观察Q_1、Q_2、Q_3的状态，并填入表4.4-4中。在最低位Q_1的CP端接入1 kHz方波信号，用示波器观察并描绘CP和Q_1、Q_2、Q_3端的波形。

表4.4-4

输入CP	输出(二进制)			输出(十进制)
计数脉冲个数	Q_3	Q_2	Q_1	*DCBA*
1				
2				
3				
4				
5				
6				
7				
8				

图 4.4－4(b)是 JK 触发器 74LS73 的管脚图。

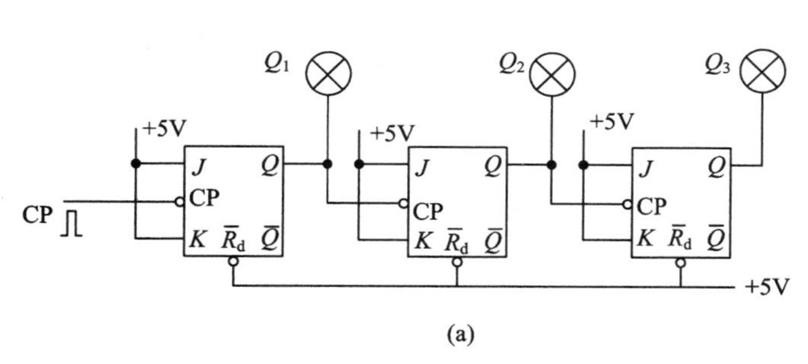

(a)

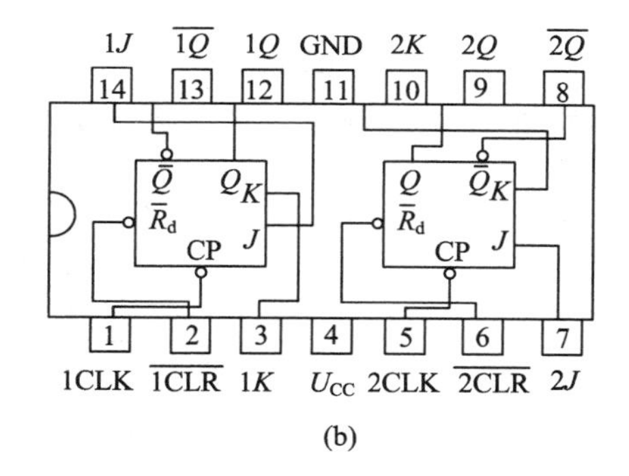

(b)

图 4.4－4

4. 同步三位二进制计数器设计

用 3 个 JK 触发器构成三位二进制同步计数器，按图 4.4－5 接线，由于计数器中的每一个触发器均能同时接收到触发脉冲，故称为同步计数器。

首先，CP 端接单步脉冲开关，按动开关，观察 Q_1、Q_2、Q_3 的状态，并记录到表 4.4－5 中。在 CP 端接入 1 kHz 方波信号，用示波器观察并描绘 CP 和 Q_1、Q_2、Q_3 端的波形。

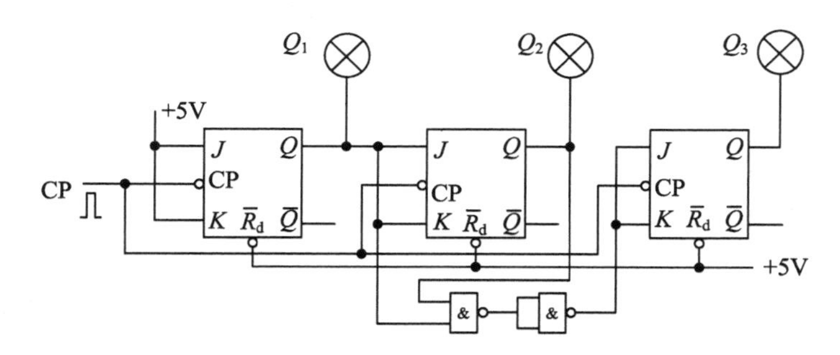

图 4.4－5

表 4.4－5

输入 CP	输出(二进制)			输出(十进制)
计数脉冲个数	Q_3	Q_2	Q_1	$D\ C\ B\ A$
1				1
2				2
3				3
4				4
5				5
6				6
7				7
8				8

5. 十二进制计数器设计

用两片 74LS161 可设计一个十二进制计数器，设 $D_4D_3D_2D_1$＝0010，电路连线图如图 4.4－6 所示，将计数结果填入表 4.4－6 中。

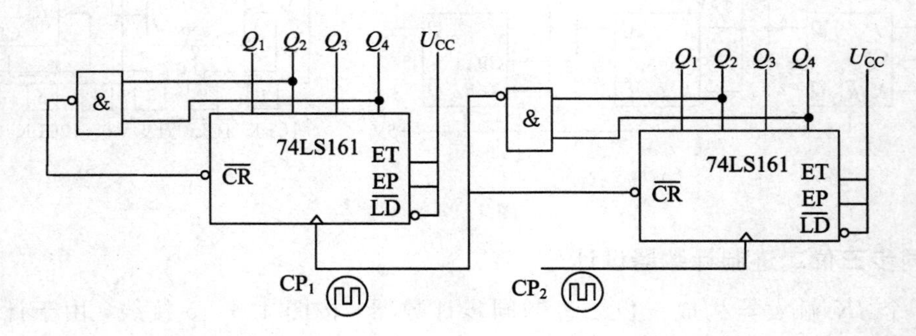

图 4.4－6

表 4.4－6

输入 CP_2	输出(二进制数)				输出(十进制数)
计数脉冲个数	Q_4	Q_3	Q_2	Q_1	$DCBA$
1					
2					
3					
4					
5					
6					
7					
8					
9					
10					

6. 六十进制计数器设计

用两片 74LS290 和适当的门电路可构成一个六十进制的计数器，电路连线图如图 4.4－7(a)所示。集成电路 74LS290 的管脚如图 4.4－7(b)所示。将计数结果填入表 4.4－7 中。

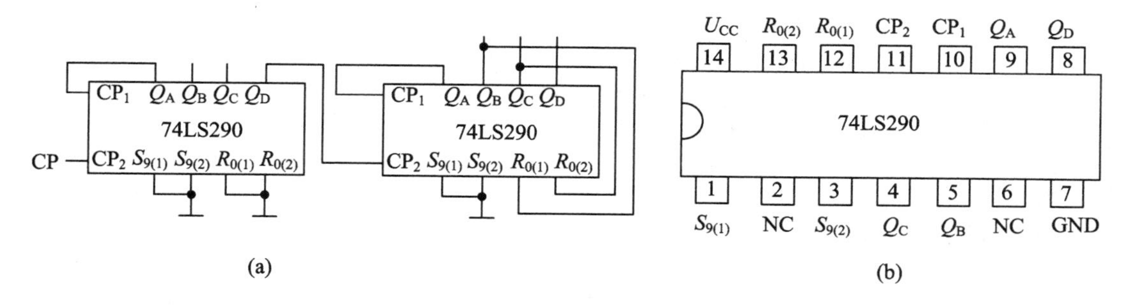

图 4.4-7

表 4.4-7

输入 CP	输出(二进制数)				输出(十进制数)
计数脉冲个数	Q_D	Q_C	Q_B	Q_A	$D\ C\ B\ A$
1					
2					
3					
4					
5					
6					
7					
8					
9					
10					

五、实验报告

(1) 说明设计同步、异步计数器的异同点，找出二者的设计规律。

(2) 总结这次实验在操作技能和深化理论方面的收获。

1. 试比较异步计数器与同步计数器的优缺点。

2. 计数器与分频器有何不同之处？

3. 根据设计方法，自行设计一个十七到九十九进制之间的计数电路。

4. 根据设计方法，设计一个可控计数器。当 $M=0$ 时，电路为 X 进制；当 $M=1$ 时，电路为 Y 进制。

4.5 移位寄存器

一、实验目的

(1) 掌握中规模四位双向移位寄存器的逻辑功能及使用方法；

(2) 熟悉移位寄存器的逻辑功能及实现各种移位功能的方法。

二、实验原理

移位寄存器是一种具有移位功能的寄存器，寄存器中所存的代码能够在移位脉冲的作用下依次左移或右移，既能左移又能右移的称为双向移位寄存器，只需要改变左、右移的控制信号便可实现双向移位要求。根据移位寄存器存取信息方式的不同，移位寄存器可分为：串入串出、串入并出、并入串出、并入并出四种形式。

集成电路 74LS194 的管脚如图 4.5-1(b)所示，其中 A、B、C、D 为并行输入端；Q_0、Q_1、Q_2、Q_3 为并行输出端；D_{SR} 为右移串行输入端，D_{SL} 为左移串行输入端；S_1、S_0 为操作模式控制端；R_d 为直接无条件清零端；CP 为时钟脉冲输入端。

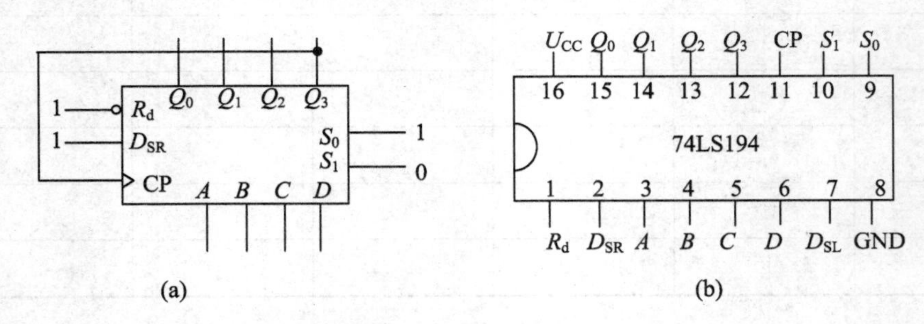

图 4.5-1

三、实验仪器设备

万用表一块，直流稳压电源一台，数字实验箱一台，集成电路 74LS00 一片、74LS194 两片，实验专用软导线若干。

四、实验内容及步骤

1. 用 74LS194 构成一个环形计数器

(1) 将移位寄存器的输出回馈到它的串行输入端就可以进行循环移位，如图 4.5-1(a) 所示。将输入信号 S_1、S_0 操作模式控制端接在数据开关上，输出信号 $Q_0Q_1Q_2Q_3$ 接电平指示灯，输出端 Q_3 和右移串行输入端 D_{SR} 相连接。设初始状态 $Q_0Q_1Q_2Q_3=0001$，在时钟脉冲作用下，观察 $Q_0Q_1Q_2Q_3$ 的变化，将结果填入表 4.5-1 中。

表 4.5 - 1

CP	Q_0	Q_1	Q_2	Q_3
1				
2				
3				
4				

(2) 将输出端 Q_3 和左移串行输入端 D_{SL} 相连接。设初始状态 $Q_0Q_1Q_2Q_3=0001$，在时钟脉冲作用下，观察 $Q_0Q_1Q_2Q_3$ 的变化，将结果填入表 4.5 - 2 中。

表 4.5 - 2

CP	Q_0	Q_1	Q_2	Q_3
1				
2				
3				
4				

2. 实现串行/并行转换

(1) 串行/并行转换器。

串行/并行转换是指串行输入的数码，经转换电路之后变换成并行输出。图 4.5 - 2 是四位双向移位寄存器组成的七位串行/并行数据转换电路，它由两片集成电路 74LS194 构成。

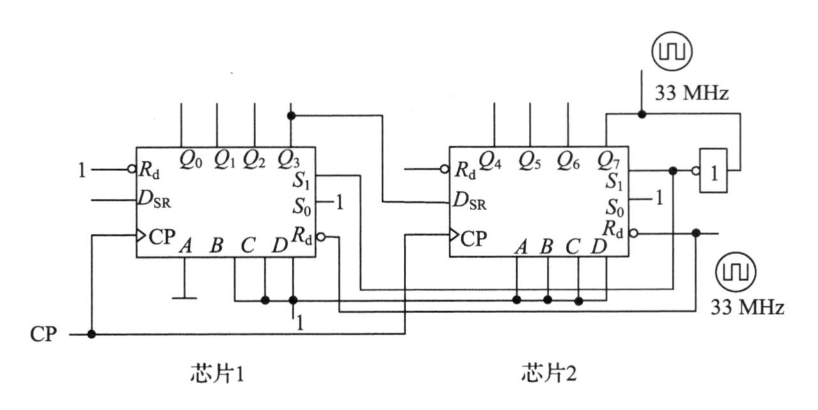

图 4.5 - 2　并行输出

电路中，输入信号 S_0 端接高电平 1，S_1 受 Q_7 控制，两片寄存器连接成串行输入右移工作模式，Q_7 是转换结束标志。当 $Q_7=1$ 时，S_1 为 0，使之成为 $S_1S_0=01$ 的串行输入右移工作方式；当 $Q_7=0$ 时，$S_1=1$，$S_1S_0=10$ 则表示串行送数结束，标志着串行输入的数据已转换成并行输出了。

串行/并行转换的具体过程如下：转换前，R_d 端加低电平，使 1、2 两片寄存器的内容清零，此时 $S_1S_0=11$，寄存器执行并行输入工作方式。当第一个 CP 脉冲到来后，寄

存器的输出状态 $Q_0 \sim Q_7$ 为 01111111，与此同时 S_1S_0 变为 01，转换电路变为执行串行输入右移工作方式，串行输入数据由第 1 片寄存器的 D_{SR} 端输入。在 CP 脉冲的作用下，观察输出端 $Q_0Q_1Q_2Q_3Q_4Q_5Q_6Q_7$ 状态的变化，将结果填入表 4.5－3 中。

表 4.5－3

CP	Q_0	Q_1	Q_2	Q_3	Q_4	Q_5	Q_6	Q_7	步骤	功能总结
0	0	0	0	0	0	0	0	0	清零	
1	0	1	1	1	1	1	1	1	送数	
2									右移操作七次	
3										
4										
5										
6										
7										
8										
9										

五、实验报告

(1) 分析表 4.5－3 中的实验结果，总结移位寄存器(移位计数器)74LS194 的逻辑功能并写入表格功能总结一栏中。

(2) 根据实验内容 1 的结果，画出 4 位环形计数器的状态转换图及波形图。

(3) 分析串/并、并/串转换器所得结果的正确性。

1. 对集成电路 74LS194 进行送数后，若要使输出端改成另外的数码，是否一定要使寄存器清零?

2. 使寄存器清零，除采用 R_d 端输入低电平外，可否采用右移或左移的方法? 可否使用并行送数法? 若可行，如何进行操作?

3. 若进行循环左移，图 4.5－2 接线应如何改接?

4. 用两片集成电路 74LS194 自行设计一个七位并行/串行转换器。

4.6　序列脉冲发生器

一、实验目的

(1) 熟悉产生序列脉冲信号的电路的设计方法；

(2) 验证设计的同步时序电路；

(3) 了解利用同步计数器、异步计数器及移位计数器设计周期性脉冲信号发生器的方法。

二、实验原理

在数字电路设计中，有些时候需用一组非常特殊的数字信号。一般情况下，我们就将这种特殊的串行数字信号叫做序列信号。生成这样的一组特定序列信号的电路叫做序列信号发生器。

三、实验仪器设备

万用表一块，直流稳压电源一台，数字实验箱一台，集成电路 74LS161、74LS151 各一片，实验专用软导线若干。

四、实验内容及步骤

1. 设计 1101000101 序列信号发生器

(1) 用集成电路 74LS161 设计一个模为 10 的计数器，74LS161 芯片管脚如图 4.6-1 所示。由于本设计的序列长度为 10，故用预置端 LD 状态选择计数器的后 10 种状态，即 0110～1111。令每个状态对应一个序列信号中的值，列出真值，对应的输出卡诺图如图 4.6-2(a)所示。

(2) 用集成电路 74LS151 作为八选一数据选择器。将图 4.6-2(a)的卡诺图中的 16 个状态降维到 8 个状态，Q_2、Q_1、Q_0 作为八选一地址，降维后卡诺图如图 4.6-2(b)所示。其中，D_0 和 D_2 在图 4.6-2(b)中作为约束项，所以可取 0 或 1。这样也不影响电路数据结果。

十进制计数器输出状态表和八选一数据选择器并行输入状态表分别如表 4.6-1、表 4.6-2 所示。实际电路连线图如图 4.6-3 所示。集成电路 74LS151 管脚如图 4.6-4 所示。

同理，可以用异步计数器 74LS290 和移位计数器 74LS194 与八选一数据选择器组合得到同样的序列信号电路。此部分由同学自己设计出电路，并连线测试。

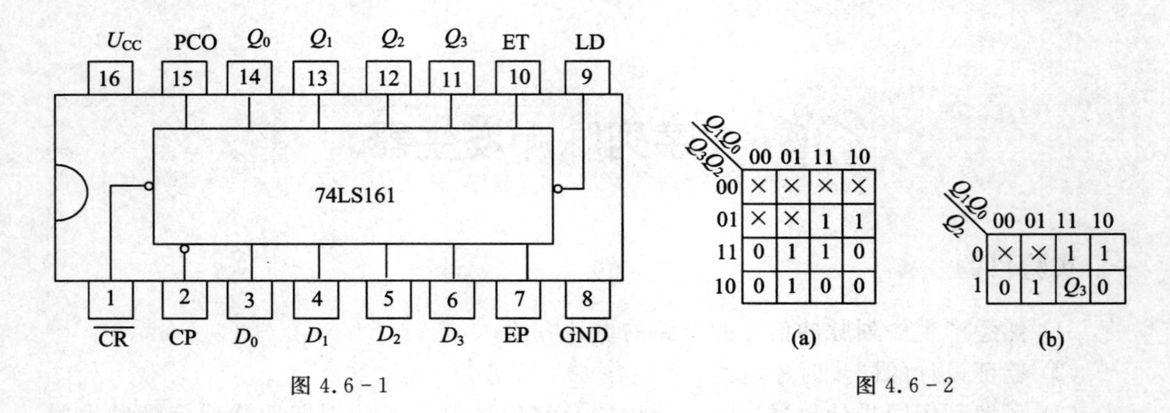

图 4.6-1　　　　图 4.6-2

表 4.6-1

$Q_3Q_2Q_1Q_0$	F
0110	1
0111	1
1000	0
1001	1
1010	0
1011	0
1100	0
1101	1
1110	0
1111	1

表 4.6-2

D_0	D_1	D_2	D_3	D_4	D_5	D_6	D_7
0	0	1	1	0	1	0	Q_C

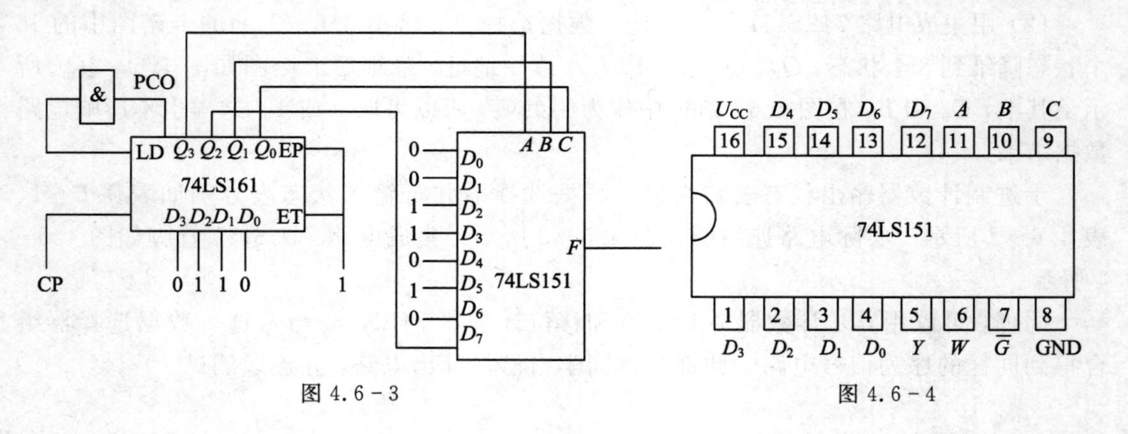

图 4.6-3　　　　图 4.6-4

五、实验报告

(1) 归纳设计方法，写出设计过程，画出时序逻辑电路图。

(2) 记录实验结果，并对结果进行分析。

1. 设计时序逻辑电路时，如何解决电路不能自启动的问题？
2. 什么是原始状态图？怎样画出原始状态图？
3. 同步时序电路的设计大致分哪几步？

4.7 555 定时器及其应用

一、实验目的

(1) 了解 555 定时器的结构和工作原理；

(2) 熟悉由 555 构成的施密特触发器、单稳态触发器和多谐振荡器的工作特点和典型应用；

(3) 熟悉用示波器测量 555 电路的脉冲幅度、周期和脉宽的方法。

二、实验原理

555 定时器是将模拟功能和数字逻辑功能相结合的一种双极型中规模的集成器件，外加电阻、电容可以组成性能稳定而精确的多谐振荡器、施密特触发器、单稳态触发器等。

555 定时器的逻辑框图如图 4.7－1 所示，它由两个电压比较器 A 和 B，三个 5 kΩ 电阻，一个 RS 触发器，一个放电三极管 V 以及功率输出级组成。

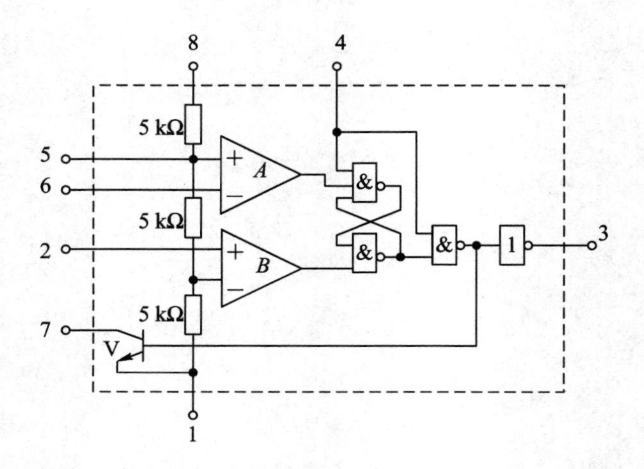

图 4.7－1

三、实验仪器设备

万用表一块，直流稳压电源一台，数字实验箱一台，集成电路 NE555、74LS04 各一片，电阻 10 kΩ 两个、15 kΩ 一个、20 kΩ 一个、3 kΩ 一个、51 kΩ 一个、100 kΩ 一个，电容 0.1 μF 一个、0.01 μF 两个、10 μF 一个、100 μF 一个、3.3 μF 一个，实验专用软导线若干。

四、实验内容及步骤

1．多谐振荡器的功能测试

用555定时器设计一个多谐振荡器，要求频率为1 kHz，给定电容值为$C=0.1$ μF，按照图4.7－2连线，分别改变几组定时参数R_2、C的数值，观察其波形变化，并将测量值与理论值填入表4.7－1中，且对其误差进行分析。

（1）R_1、R_2、C为外接组件，要求R_1的范围为10 kΩ～20 kΩ。

（2）多谐振荡器的谐振频率的计算公式如下：

$$f=\frac{1}{T}=\frac{1}{T_1+T_2}=\frac{1.44}{(R_1+R_2)C}$$

其中，$T_1=0.7(R_1+R_2)C$；$T_2=0.7R_2C$。

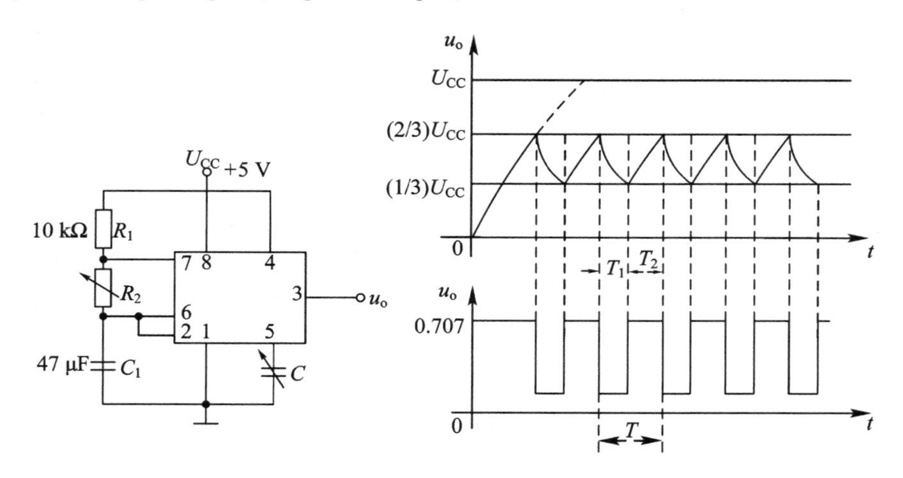

图4.7－2　多谐振荡器及波形

表4.7－1

参数		测量值		理论值	
R_2/kΩ	C/μF	U_o	T	U_o	T
3	0.1				
3	0.01				
15	0.1				

2．由555构成的施密特触发器电路的功能测试

图4.7－3是用555定时器设计的施密特触发器电路，图中控制端5脚加一可调直流电压U_{co}，其值可改变555电路比较器的参考电压u_{co}。参考电压愈大，输出波形宽度愈宽。

用示波器定性观察u_o和u_{co}的波形，改变控制电压u_{co}可用u_T值。

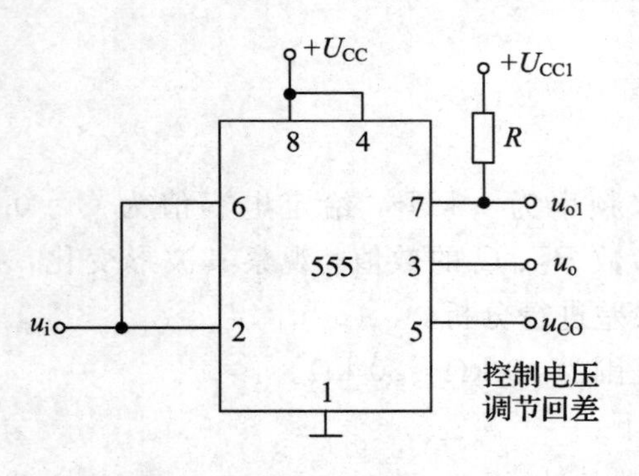

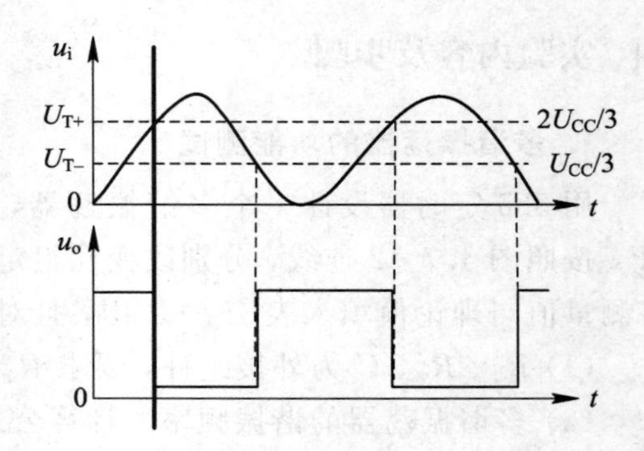

图 4.7-3　施密特触发器电路及波形

3. 施密特触发器整形电路的功能测试

图 4.7-4 是 555 构成的施密特触发器整形电路。图中，给定输入触发信号重复频率为 500 Hz，要求输出脉冲宽度为 0.5 ms，试计算定时元件 R、C，并用实验验证。

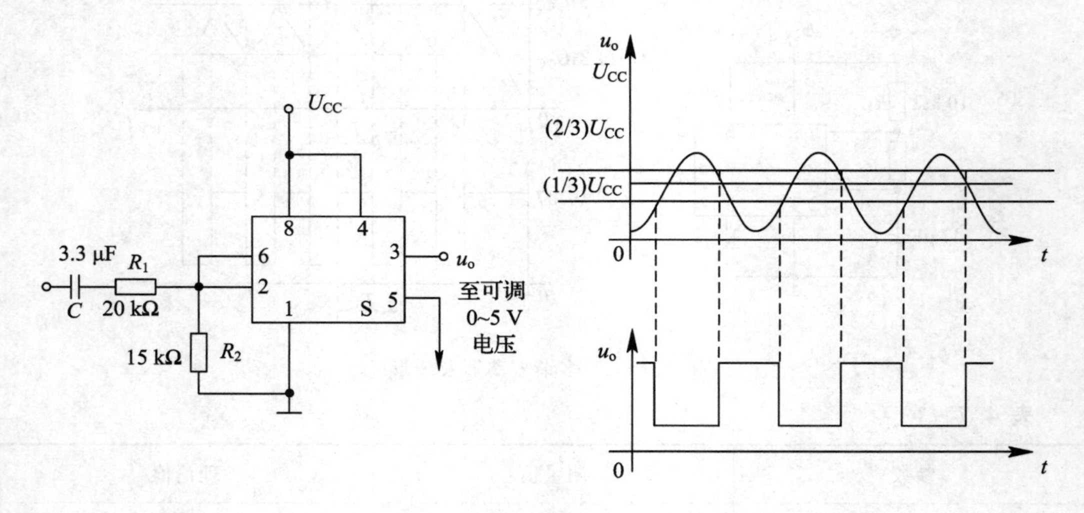

图 4.7-4　施密特触发器整形电路及波形

(1) 用示波器观察图 4.7-4 整形电路的输出 3 脚的波形，并测量 u_o 幅度及宽度 T_w，再与理论值进行比较。

(2) 将定时电容改为 0.1 μF，重复上述实验。

4. 由 555 构成的 *RS* 触发器功能测试

按照图 4.7-5 接线，输入信号端 R、S 分别接电平开关，输出信号端 Q 接指示灯，分别拨动电平开关，使 RS 取值分别为 01、10 和 11，观察并列表记录 Q 端的状态，并将其填入表 4.7-2 中。

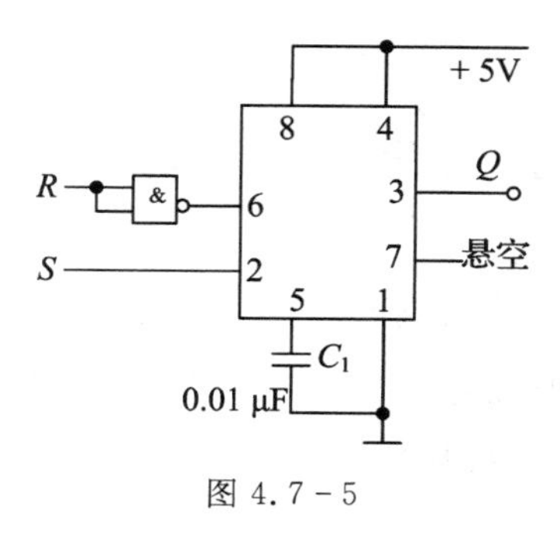

图 4.7－5

表 4.7－2

R	S	Q	状态
0	1		
1	0		
1	1		

5. 由 555 构成的救护车音响电路的功能测试

用 555 芯片按照图 4.7－6 接线，分析图 4.7－6 的工作原理，计算 U_{01} 的脉冲宽度、周期和频率，U_{02} 的周期和频率。用示波器观察 U_{C1}、U_{01}、U_{C3}、U_{02} 的波形，并标上各波形的实际测量参数。注意，各波形要同步。记录 U_{C1}、U_{C3} 的充电、放电的电平值，根据计算的理论值和实际的测量值进行误差分析。

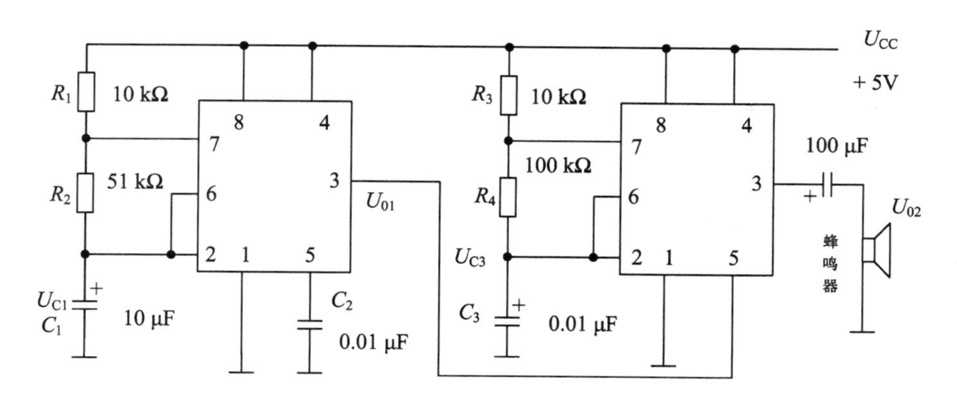

图 4.7－6

五、实验报告

（1）画出实验电路，标上引脚和组件值。

（2）画出电路波形，标上幅度和时间。

（3）对测试的数据进行讨论和误差分析。

思 考 题

1. 由 555 定时器构成的单稳态触发器的输出脉宽和周期由什么决定?

2. 由 555 定时器构成的振荡器，其振荡周期和占空比的改变与哪些因素有关？若只需改变周期而不改变占空比，应调整哪个组件参数?

4.8　数字时钟的设计

一、实验目的

（1）掌握数字时钟的设计、组装与调试方法；

（2）熟悉集成电路的使用方法。

二、实验原理

钟表的数字化给人们生产生活带来了极大的方便，而且大大地扩展了钟表原先的报时功能。诸如，定时自动报警、按时自动打铃、时间程序自动控制、定时广播、定时启闭路灯、定时开关烘箱、定时通断动力设备，甚至各种定时电气的自动启用等，所有这些都是以钟表数字化为基础的。因此，研究数字时钟及扩大其应用，有着非常现实的意义。

数字电子钟的基本原理如下：

数字电子钟的逻辑框图如图 4.8－1 所示。它由石英晶体振荡器、分频器、计数器、译码器、显示器和校时电路组成，石英晶体振荡器产生的信号经过分频器作为秒脉冲送入计数器计数，计数结果通过“时”、“分”、“秒”译码器显示时间。

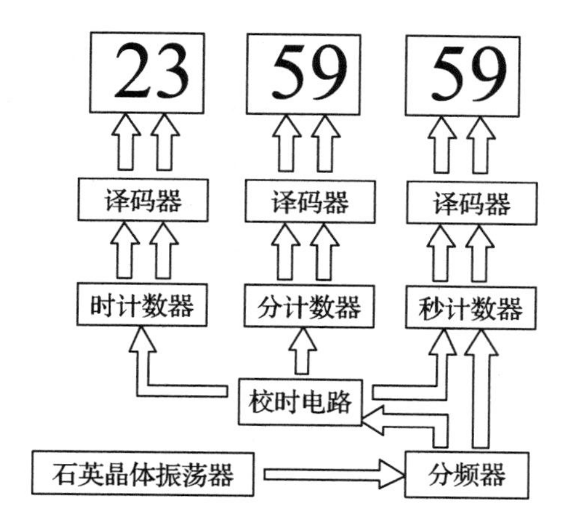

图 4.8－1　数字电子钟的逻辑框图

1. 石英晶体振荡器的功能

石英晶体振荡器的特点是振荡频率准确、电路结构简单、频率易调整。它还具有压电效应，在晶体某一方向加一电场，则在与此垂直的方向将会产生机械振动，有了机械振动，就会在相应的垂直面上产生电场，从而使机械振动和电场互为因果，这种循环过程一直持续到晶体的机械强度限制，达到最后稳定为止。这种压电谐振的频率即为晶体振荡器的固有频率。

用反相器与石英晶体振荡器构成的振荡电路如图 4.8-2 所示。利用两个非门 G_1 和 G_2 自我反馈，使它们工作在线性状态，然后利用石英晶体振荡器 JU 来控制振荡频率，同时用电容 C_1 来作为两个非门之间的耦合，两个非门输入和输出之间并接的电阻 R_1 和 R_2 作为负反馈组件用，由于反馈电阻很小，可以近似认为非门的输入输出压降相等。电容 C_2 是为了防止寄生振荡而设计的，例如，电路中的石英晶振频率是 4 MHz 时，电路的输出频率为 4 MHz。

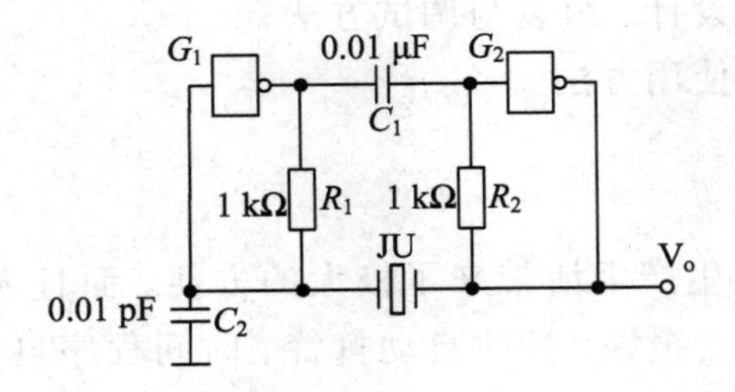

图 4.8-2 振荡电路

2. 分频器的功能

由于石英晶体振荡器产生的频率很高，要得到秒脉冲，需要用分频电路。例如，石英晶体振荡器输出的 4 MHz 的信号，通过 D 触发器(74LS74)进行 4 分频变成 1 MHz，然后送到 10 分频计数器(74LS90)，该计数器可以用 8421 码制，也可以用 5421 码制，经过 6 次 10 分频而获得 1 Hz 的方波信号作为秒脉冲信号。

3. 计数器的功能

秒脉冲信号经过 6 级计数器，分别得到“秒”个位、十位，“分”个位、十位，以及“时”个位、十位的计时。“秒”“分”计数器为六十进制，“时”计数器为二十四进制。

(1) 六十进制计数。“秒”计数器电路与“分”计数器电路都是六十进制的，它们均由一级十进制计数器和一级六进制计数器连接构成，如图 4.8-3 所示，采用两片中规模集成电路 74LS90 串接起来构成的“秒”、“分”计数器。

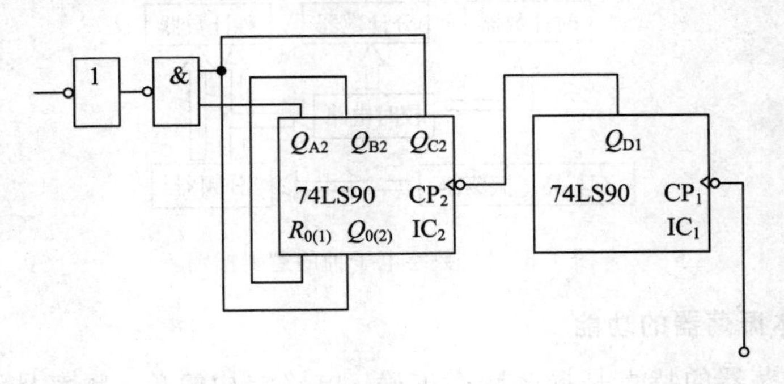

图 4.8-3 六十进制计数电路

IC_1 是十进制计数器，Q_{D1} 作为十进制的进位信号，74LS90 计数器是十进制异步计数器，用回馈归零方法实现十进制计数，IC_2 和与非门组成六进制计数。74LS90 是在

CP_1 和 CP_2 信号的下降沿翻转计数的，Q_{A2} 和 Q_{C2} 分别相与 0101 的下降沿，作为"分"("时")计数器的输入信号。Q_{B2} 和 Q_{C2} 分别相与 0110 高电平 1，得到的结果分别送到计数器的两级清零端 $R_{0(1)}$，74LS90 内部的两级 $R_{0(1)}$ 与非运算后清零而使计数器归零，完成六进制计数。由此可见，IC_1 和 IC_2 串联实现了六十进制计数。

(2) 二十四进制计数。"时"计数电路是由 IC_1 和 IC_2 组成的二十四进制计数电路，如图 4.8－4 所示。

在图 4.8－4 中，当"时"个位 IC_1 计数输入端 CP_1 来第 10 个触发信号时，IC_1 计数器复零，进位端 Q_{D5} 向 IC_2"时"十位计数器输出进位信号，当第 24 个"时"(来自"分"计数器输出的进位信号)脉冲到达时，IC_1 计数器的状态为"0100"，IC_2 计数器的状态为"0010"。此时"时"个位计数器的 Q_{C5} 和"时"十位计数器的 Q_{B6} 输出为"1"。把它们分别送到 IC_1 和 IC_2 计数器的清零端 $R_{0(1)}$，通过 74LS90 内部的两级 $R_{0(1)}$ 与非后清零，计数器归零，完成二十四进制计数。

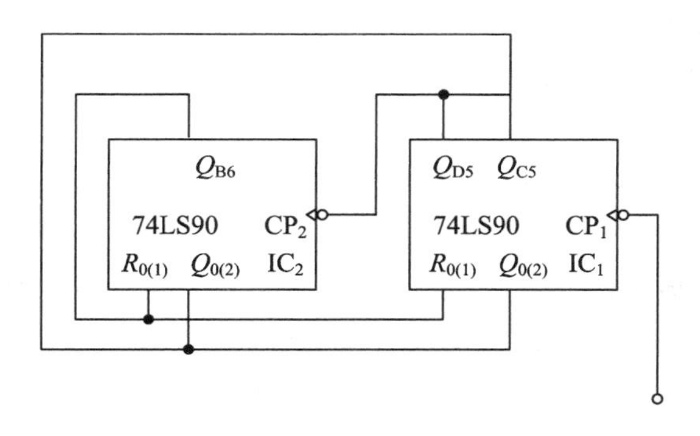

图 4.8－4　二十四进制计数电路

4. 译码器的功能

译码是将给定的代码进行翻译。计数器采用的码制不同，译码电路也不同。74LS48 驱动器是与 8421BCD 编码计数器配合用的七段译码驱动器。74LS48 配有灯测试 LT、动态灭灯输入 RBI、灭灯输入/动态灭灯输出 BI/RBO。当 LT＝"0"时，74LS48 输出全"1"。74LS48 的使用方法参照附录 1 中该器件功能的介绍。

74LS48 的输入端和计数器对应的输出端相连，74LS48 的输出端和七段显示器的对应段相连。

5. 显示器的功能

本系统用七段发光二极管来显示译码器输出的数字，显示器有两种：共阳极或共阴极显示器。74LS48 译码器对应的显示器是共阴极(接地)显示器。

6. 校时电路的功能

校时电路实现对"时"、"分"、"秒"的校准。在电路中，设有正常计时和校时位置。"秒"、"分"、"时"的校准开关分别通过 RS 触发器控制。

三、实验仪器设备

双踪示波器一台，万用表一块，直流稳压电源一台，七段数码显示器(共阴极)六片，集成电路 74LS10、74LS00 各十片，集成电路 74LS48 六片、74LS04 一片、74LS90 十二片 、74LS74 一片，4 MHz 石英晶体振荡器一片，电阻、电容若干，实验用连接软导线若干。

四、实验内容及步骤

(1) 设计一个有“时”、“分”、“秒”(23 小时 59 分 59 秒)显示且有校时功能的电子钟。

(2) 用中小规模集成电路组成电子钟，并在实验箱上进行组装、调试。

在实验箱上组装电子钟。注意，器件管脚的连接一定要准确，“悬空端”、“清零端”、“置一端”要正确处理。调试步骤和方法如下：

① 用示波器检测石英晶体振荡器的输出信号波形和频率，晶振输出频率应为 4 MHz。

② 将频率为 4 MHz 的信号送入分频器，并用示波器检查各个分频器的输出频率是否符合设计要求。

③ 将 1 秒信号分别送入“时”、“分”、“秒”计数器，检查各级计数器的工作情况。

④ 观察校时电路的功能是否满足校时要求。

⑤ 当分频器和计数器调试正常后，观察电子钟是否准确正常地工作。

(3) 画出框图和逻辑电路图，写出设计、实验总结报告。

(4) 选做。

① 闹钟系统。

② 整点报时。在 59 分 51 秒、53 秒、55 秒、57 秒输出 750 Hz 音频信号，在 59 分 59 秒时输出 1000 Hz 信号，音响持续 1 秒，在 1000 Hz 音响结束时刻为整点。

③ 日历系统。

4.9　D/A 转换器设计

一、实验目的

(1) 了解并测试 A/D 和 D/A 转换器性能；

(2) 学习 A/D 和 D/A 转换器接线和转换的基本方法。

二、实验原理

在数字电路中，往往需要把模拟量转换成数字量或把数字量转换成模拟量，完成这些转换功能的转换器有多种型号。本实验采用 ADC0804 实现模/数转换，用 DAC0832 实现数/模转换。

1. 集成 ADC0804 转换器设计测试

常用的 ADC0804 集成芯片是 CMOS 型 8 位单通道逐次渐近型的模/数转换器，它的引脚(见图 4.9-1)功能及使用如下：

(1) $U_{IN}(+)$和$U_{IN}(-)$：模拟电压输入端，模拟电压输入接$U_{IN}(+)$端，$U_{IN}(-)$端接地。双边输入时，$U_{IN}(+)$、$U_{IN}(-)$分别接模拟电压信号的正端和负端。当输入的模拟电压信号存在“零点漂移电压”时，可在$U_{IN}(-)$端接一等值的零点补偿电压，变换时将自动从$U_{IN}(+)$中减去这一电压。

(2) 基准电压U_{REF}：模数转换的基准电压，如果不外接，则U_{REF}可与U_{CC}共享电源。

(3) $\overline{CS}$，$\overline{WR}$，$\overline{RD}$：片选信号输入。在微机中应用时，当$\overline{CS}=0$时，说明本片被选中，在用硬件构成的 ADC0804 系统中，$\overline{CS}$可恒接低电平。$\overline{WR}$为转换开始的启动信号输入，$\overline{RD}$为转换结束后从 A/D 转换器中读出数据的控制信号，两者都是低电平有效。

(4) CLKR 和 CLKW：ADC0804 可外接 RC 产生模数转换器所需的时钟信号，时钟频率 $f=\dfrac{1}{1.1RC}$，一般要求频率范围为 100 kHz～1.28 MHz。

(5) $\overline{INT}$：中断请求信号输出端，低电平有效。当完成 A/D 转换后，芯片将自动发出$\overline{INT}$信号。在微机中应用时，此端应与微处理器的中断输入端相连，当$\overline{INT}$有效时，应等待 CPU 同意中断请求，使$\overline{RD}=0$时方能将数据输出。若 ADC0804 单独应用，可将$\overline{INT}$悬空，而$\overline{RD}$直接接地。

(6) AGND 和 DGND：模拟地和数字地。

(7) $D_0 \sim D_7$ 是数字量输出端。

图 4.9-1 是 ADC0804 的一个典型应用电路图，A/D 转换器的时钟脉冲由外接 5 kΩ 电阻和 150 pF 电容形成，时钟频率约 640 kHz。基准电压由其内部提供，大小是电源电压U_{CC}的一半。为了启动 A/D 转换器，应先将开关 S 闭合下，使$\overline{WR}$端接地

(变为低电平)，然后再把开关 S 断开，于是转换就开始进行。模/数转换器一经启动，被输入的模拟量就按一定的速度转换成 8 位二进制数码，从数字量输出端输出。

2. 集成 DAC0832 转换器设计测试

DAC0832 为 CMOS 型 8 位数/模转换器，它内部具有双数据锁存器，且输入电平与 TTL 电平兼容，所以能与 8080、8085、Z－80 及其他微处理器直接对接，也可以按设计要求添加必要的集成电路块而构成一个能独立工作的数/模转换器，其引脚功能及其使用如下：

(1) $\overline{CS}$：片选信号输入端，低电平有效。

(2) ILE：输入寄存器允许信号输入端，高电平有效。

(3) $\overline{WR_1}$：输入寄存器与信号输入端，低电平有效。该信号用于控制将外部数据写入输入寄存器中。

(4) $\overline{XEFR}$：允许传送控制信号的输入端，低电平有效。

(5) $\overline{WR_2}$：D/A 寄存器写信号输入端，低电平有效。该信号用于控制将输入寄存器的输出数据写入 D/A 寄存器中。

(6) $D_0 \sim D_7$：8 位数据输入端。

(7) I_{out1}：D/A 转换器的电流输出 1，在构成电压输出 D/A 转换器时，此线应外接运算放大器的反相输入端。

(8) I_{out2}：D/A 转换器的电流输出 2，在构成电压输出 D/A 转换器时，此线应和运算放大器的同相输入端一起接模拟地。

(9) R_{fb}：回馈电阻引出端，在构成电压输出 D/A 转换器时，此端应接运算放大器的输出端。

(10) U_{REF}：基准电压输入端，通过该外引线将外部的高精度电压源与片内的 R－2R 型电阻网络相连，其电压范围为－10 V～＋10 V。

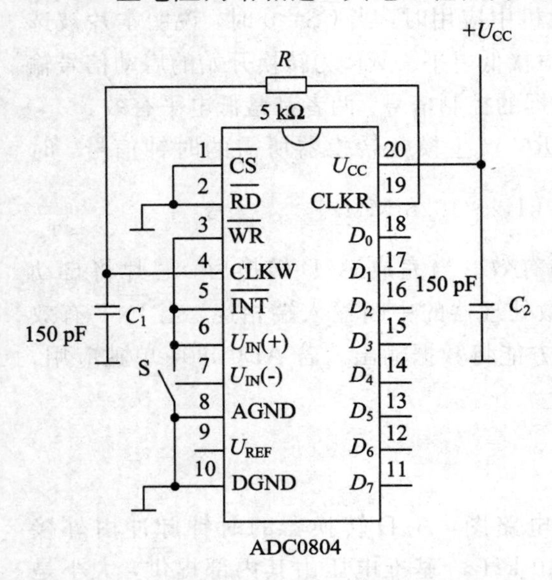

图 4.9－1　集成 ADC0804 模/数转换器

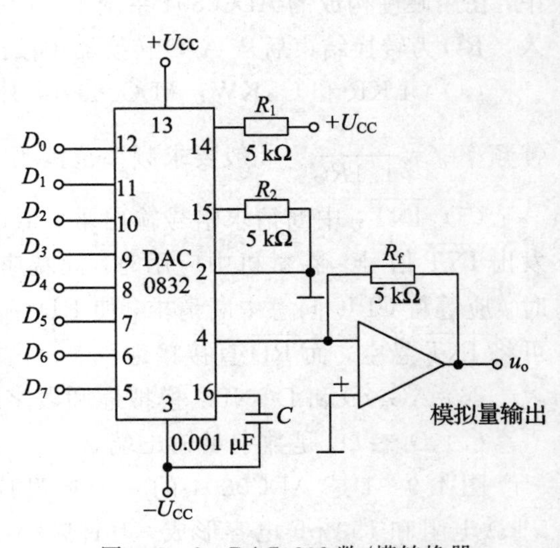

图 4.9－2　DAC0832 数/模转换器

(11) U_{CC}：DAC0832 的电源输入端，电源电压范围为 5 V～15 V。

(12) 模拟地：整个电路的模拟地必须与数字地相连。

(13) GND：数字地。

在图 4.9－2 中，DAC0832 是 8 位的电流输出型数/模转换器。为了把电流输出变成电压输出，可在数/模转换器的输出端接一运算放大器(LM324)，输出电压 u_o 的大小由回馈电阻 R_f 决定，整个线路如图 4.9－2 所示。图中，U_{REF} 接 5 V 电源。若把一个模拟量经模/数转换后，再经数/模转换，那么在输出端就能获得原模拟量或放大了的模拟量(取决于回馈电阻 R_f)。同理，若在模/数转换器的输入端加一方波信号，经模/数转换后再经数/模转换，则在数/模转换器的输出端就可得到经二次转换后的方波信号。

三、实验仪器设备

数字实验装置一台、直流稳压电源一台，双踪示波器、函数信号发生器、数字频率计各一台，万用表一块，ADC0804、DAC0832 各一片，电阻、电容若干，实验专用软导线若干。

四、实验内容及步骤

1. 模/数转换器设计

按照图 4.9－1 连接实验线路，U_{CC} 直流电源，输入信号模拟量 u_i 在 0～5 V 范围内调节，输出信号数字量用板上电平指示器指示。调节函数信号发生器，使 u_o 输出信号的数字量按照表 4.9－1 变化，用数字万用表测量相应的模拟量，并将结果填入表 4.9－1 中。

表 4.9－1

输入(模拟量 u_i)	输出(数字量 u_o)
	00000000
	00000001
	00000010
	00000100
	00001000
	00010000
	00100000
	01000000
	10000000
	11111111

2. 数/模转换器的功能测试

按照图 4.9－2 连接实验线路。输入信号 u_i 数字量由实验箱中逻辑开关提供，输出信号 u_o 用万用表测量。测量输出的模拟量 u_o，并将数据填入表 4.9－2 中。集成电路 LM324 管脚如图 4.9－3 所示。

表 4.9－2

输入（数字量 u_i）	输出（模拟量 u_o）
00000000	
00000001	
00000010	
00000100	
00001000	
00010000	
00100000	
01000000	
10000000	
11111111	

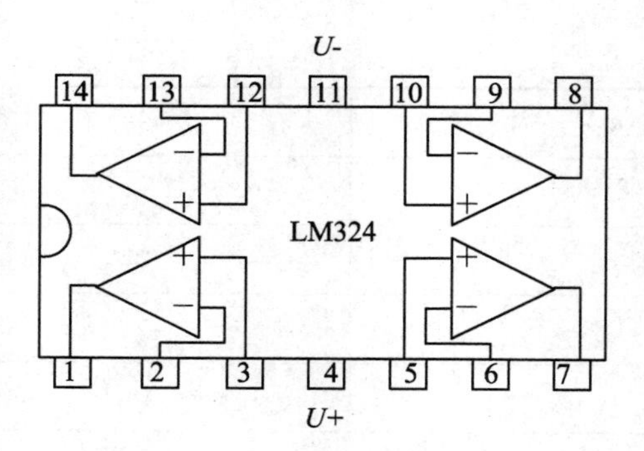

图 4.9－3　LM324 管脚图

3. 模/数和数/模转换连接

拆除实验内容 1 中的电平指示器和实验内容 2 中的逻辑开关，再把模/数转换器的输出作为数/模转换的输入，自拟线路图把两个转换器串联起来，使输入信号模拟量 u_i 从 0 到∞变化，测量相应的 u_i、u_o 值，并将测量数据记入表 4.9－3 中。

表 4.9-3

模/数和数/模转换连接	
输入模拟量 u_i	输出模拟量 u_o

4. 改用方波信号

拆除0～5可调电压的输入模拟量，改用方波信号 u_i，频率调至200 Hz左右，用示波器观察 u_o 波形，记录 u_i、u_o 波形，并将测量数据填入表4.9-4中。

表 4.9-4

改用方波信号	
输入方波波形 u_i	输出方波波形 u_o

五、实验报告

(1) 整理实验资料，按比例画出有关波形图。

(2) 根据实验结果，进行分析、讨论。

1. 在表4.9-1中，当输出数字量“1”从低位向高位依次单独出现时，输入模拟量 u_i 将按什么规律变化？

2. 在表4.9-2中，运算放大器输出电压的大小如何调节？电压的极性如何？本实验数/模转换器输入8位全为“1”时，运算放大器输出电压 u_o 应调节到多大为宜？

3. 画出实验步骤3中的ADC0804和DAC0832相互连接部分的电路图。

4.10　数字式水位报警器设计*

一、实验目的

熟悉由与门组成的电路在水位检测中的应用。

二、实验原理

实验原理图如图 4.10－1 所示。

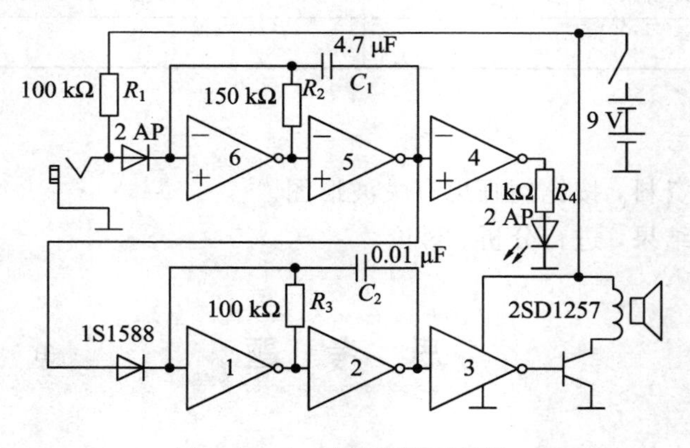

图 4.10－1　水位检测原理图

三、实验仪器设备

万用表一块，直流稳压电源一台，6 位反相器一个，二极管两个，三极管一个，电阻(功率管)SD1257 一个，电阻 1 kΩ 一个、100 kΩ 两个、150 kΩ 一个，电容 0.01 μF 一个、4.7 μF 一个，发光二极管一个，实验用连接软导线若干。

四、实验内容及步骤

＊本实验为课程设计题目，由学生参照图 4.10－1 自行完成实验线路连接设计，并在开放性实验完成后自行完成电路的验证。步骤参照“电子密码锁设计”的四个步骤。

在图 4.10－1 中，水位检测传感器可用开关模拟，报警器可用扬声器或用 10～27 mH 电感与电压蜂鸣器相连。

五、实验报告

(1) 按图 4.10－1 搭接电路，完成水位报警功能测试。

(2) 分析原理及电路的工作过程。

4.11　电子密码锁设计*

一、实验目的

(1) 掌握常用集成电路逻辑功能及控制方法;

(2) 掌握 555 定时器的应用;

(3) 熟悉数据选择器、译码器、计数器等中规模集成电路的应用。

二、实验原理

设计一个四位二进制的电子密码锁，要求插入钥匙，输入密码(输入密码与预置密码相同)，密码正确后，开锁信号灯亮；否则报警系统报警。要求学生自行设计电路，把所学过的数字电路中的组合电路、时序电路、脉冲波形产生与整形等章节内容综合应用，以达到所需设计的电路要求。

三、实验仪器设备

万用表一块，直流稳压电源一台，数字实验箱一台，集成电路 NE555、74LS00、74LS20 各一片，若干电阻、电容，实验专用软导线若干。

四、实验内容及步骤

本实验为课程设计题目，由学生自行完成实验线路图设计，并在开放性实验完成后自行完成电路验证。

(1) 根据设计任务的要求，列出真值表。

(2) 用卡诺图或代数化简法，求出最简单的逻辑表达式。

(3) 根据逻辑表达式，画出逻辑图，用标准器件构成电路。

(4) 用实验来验证设计的正确性。

五、实验报告

(1) 列出实验设计步骤。

(2) 画出实验设计电路图。

(3) 验证设计实验的结果是否正确。

(4) 写出对设计实验和验证实验中遇到的问题如何分析、解决及收获的心得体会。

附录 1　常用集成电路芯片管脚排列图

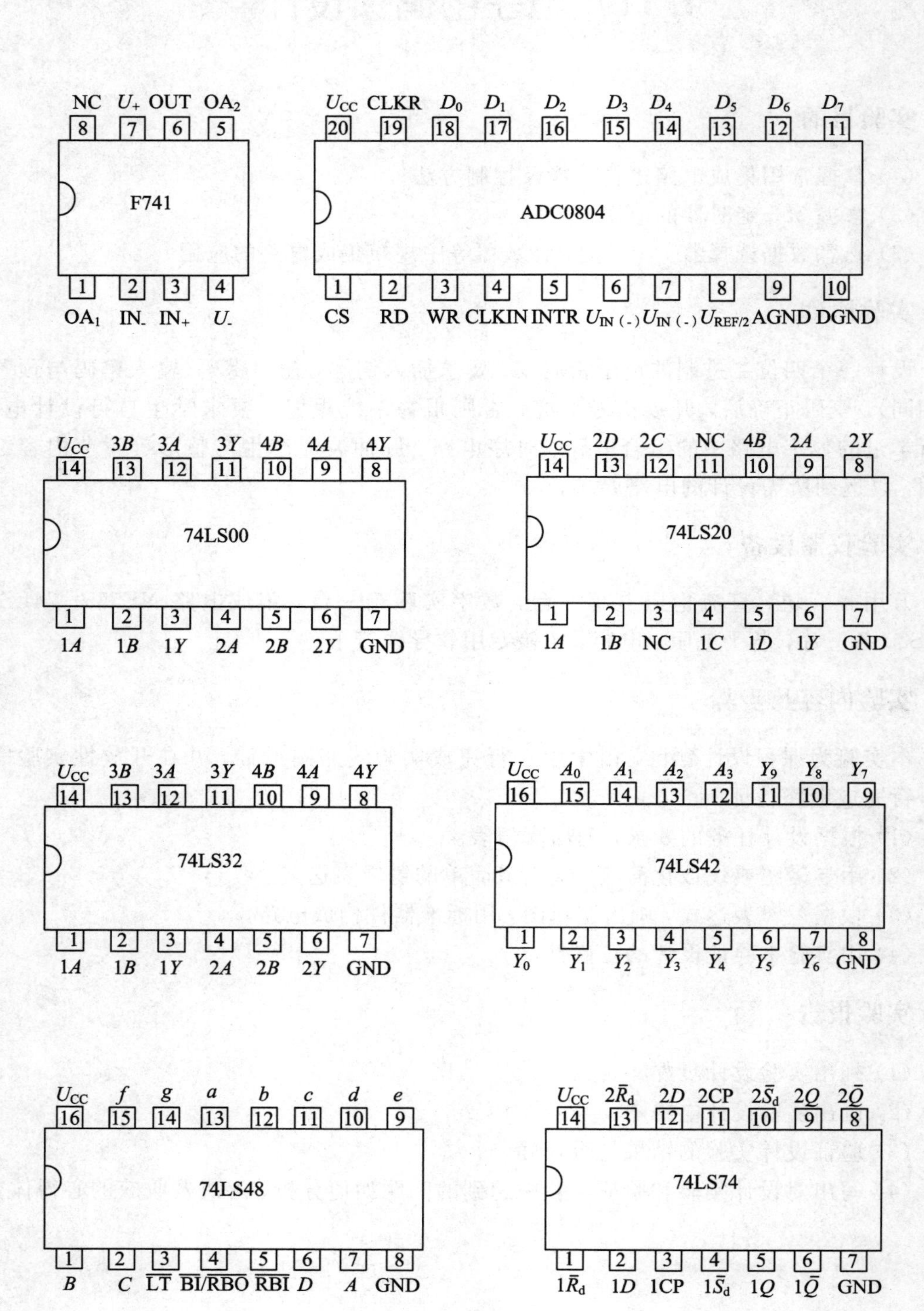

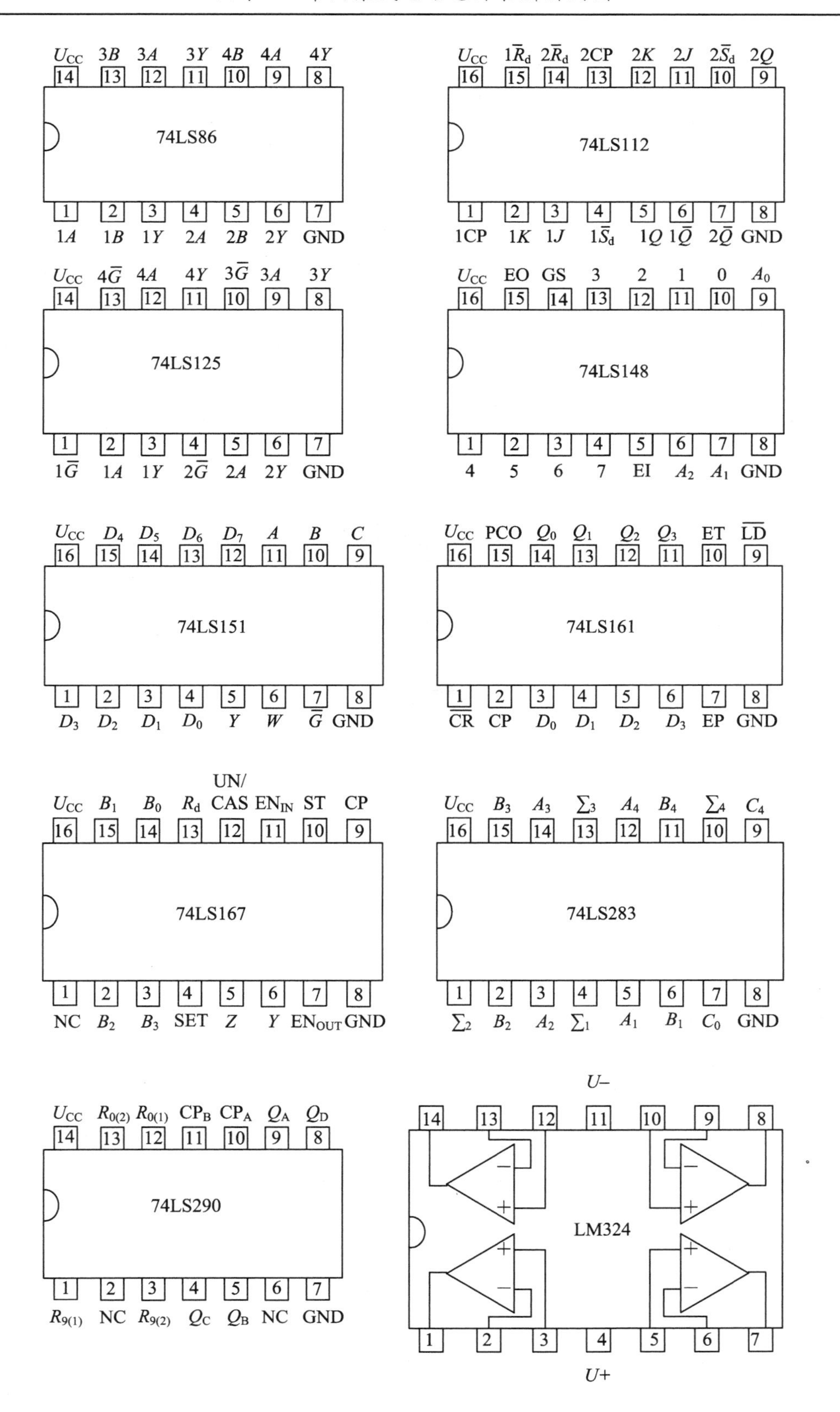

74LS86
UCC 3B 3A 3Y 4B 4A 4Y
1A 1B 1Y 2A 2B 2Y GND
74LS112
UCC 1Rd 2Rd 2CP 2K 2J 2Sd 2Q
1CP 1K 1J 1Sd 1Q 1Q 2Q GND
74LS125
UCC 4G 4A 4Y 3G 3A 3Y
1G 1A 1Y 2G 2A 2Y GND
74LS148
UCC EO GS 3 2 1 0 A0
4 5 6 7 EI A2 A1 GND
74LS151
UCC D4 D5 D6 D7 A B C
D3 D2 D1 D0 Y W G GND
74LS161
UCC PCO Q0 Q1 Q2 Q3 ET LD
CR CP D0 D1 D2 D3 EP GND
74LS167
UCC B1 B0 Rd UN/CAS ENIN ST CP
NC B2 B3 SET Z Y ENOUT GND
74LS283
UCC B3 A3 ∑3 A4 B4 ∑4 C4
∑2 B2 A2 ∑1 A1 B1 C0 GND
74LS290
UCC R0(2) R0(1) CPB CPA QA QD
R9(1) NC R9(2) QC QB NC GND
LM324
U−
U+

附录2　常用仪器仪表的使用方法

附录2.1　万用表的使用方法

一、万用表简介

万用表是电子电路实验中最常使用的测量仪器之一，现在多数为数字式，可测量电路，交直流电压、电流，电容(电感)，三极管的参数，以及二极管的通断、连线的通断等。实验室使用的数字万用表型号为胜利 VC890D，如附图 2.1-1 所示。

附图 2.1-1　VC890D 数字万用表

二、数字万用表的使用方法

1. 零位调整

万用表使用前应注意指标是否在零位上，如果不指零位，则可以调整表盖上的机械零位调节器，使之恢复零位。

注意：

① 万用表开机后，LCD 屏幕上有“APO”符号出现，表示仪表处于自动关机状态；如果在 15 分钟内转动拨盘或者仪表在 15 分钟内一直有数字在变动，则仪表处于不关机状态。

② 按住“HOLD”键开机，屏幕上无“APO”符号，表示仪表处于不关机状态。循环短按“HOLD”键，打开或者关闭锁定功能；循环长按“HOLD”键，打开或者关闭背光灯。

③ 万用表如果长时间不用，请取出电池，防止电池漏液腐蚀仪表；

④ 随时注意万用表专用的 9 V 电池使用情况。当屏幕出现电量不足符号时，应更换电池。

2. 直流电压的测量

将黑表笔接入“COM”插座，红表笔接入“V/Ω”插座；将量程开关转至相应的DCV量程上，然后将测试表笔并联跨接在被测电路上，红表笔所接的该点电压与极性显示在显示屏上。

注意：

① 如果事先对被测电压没有概念，应将量程开关转到最高的挡位，然后根据显示值转到相应挡位上。

② 如果屏幕显示“OL”，表明已超过量程范围，需将量程开关转到较高挡位上。

3. 交流电压的测量

将黑表笔接入“COM”插座，红表笔接入“V/Ω”插座；将量程开关转至相应的ACV量程上，然后将测试表笔并联跨接在被测电路上，红表笔所接的该点电压与极性显示在显示屏上。

注意：

① 如果事先对被测电压没有概念，应将量程开关转到最高的挡位，然后根据显示值转到相应挡位上。

② 如果屏幕显示“OL”，则表明已超过量程范围，需将量程开关转到较高挡位上。

③ 一般情况下，数字万用表只用来测量频率为50 Hz的工频交流电压。在本书的模拟电子技术实验中，都使用交流毫伏表测量交流的有效值。

④ 在测量高电压时，必须用手握住表棒绝缘部分，以防触电。

4. 直流电流的测量

将黑表笔接入“COM”插座，红表笔接入“mA”插座中(最大值为200 mA)，或红表笔接入“20 A”插座中(最大值为20 A)；将量程开关转至相应的DCA量程上，然后将测试表笔串联接入被测电路上，被测电流值及红表笔所接的该点电流极性显示在显示屏上。

注意：

① 如果事先对被测电流没有概念，应将量程开关转到最高的挡位，然后根据显示值转到相应挡位上。

② 如果屏幕上显示“OL”，则表明已超过量程范围，需将量程开关转到较高挡位上。

③ 在测量20 A时要注意，连续测量大电流将会使电路发热，影响测量精度甚至损坏仪表。

④ 在测量时，注意将表串联在电路中使用，切记不可并联使用。

5. 交流电流的测量

将黑表笔接入“COM”插座，红表笔接入“mA”插座中(最大值为200 mA)，或红表笔接入“20 A”插座中(最大值为20 A)；将量程开关转至相应的ACA量程上，然后将测试表笔串联接入被测电路上，被测电流值及红表笔所接的该点电流极性显示在显示屏上。

注意：

① 如果事先对被测电流没有概念，应将量程开关转到最高的挡位，然后根据显示值转到相应挡位上。

② 如果屏幕上显示“OL”，则表明已超过量程范围，需将量程开关转到较高挡位上。

③ 在测量 20 A 时要注意，连续测量大电流将会使电路发热，影响测量精度甚至损坏仪表。

6. 电阻的测量

将黑表笔接入“COM”插座，红表笔接入“V/Ω”插座。根据所测电阻，选择测量范围。将量程开关转至相应的电阻量程上，然后将测试表笔并联跨接在被测电阻上，通过万用表显示窗口直接读数并记录。

注意：

① 使用前，必须将两表笔短路调零，然后再进行测量。测量时，应保证电阻接触良好。测量大电阻时，不应将两手同时接触表笔以免影响测量结果。为提高测试结果的精度，读数指针应尽量在表盘刻度的中间一段，即全刻度的 20～80％弧度范围。

② 如果电阻值超过所选的量程值，屏幕上将显示“OL”。这时，应将开关转至较高挡位上。当测量电阻值超过 1 MΩ 以上时，读数需几秒才能稳定，这在测量高电阻时是正常的。

③ 当输入端开路时，万用表将显示过载。

④ 测量在线电阻时，要确认被测电路所有电源已关闭及所有电容都已经完全放电时，才可以进行。

⑤ 当测完电阻时，应将旋钮置于高电压，以防误用测量范围烧表。测电阻时，仪表内装有 1.5 V 电池，应避免两表棒短路后将电池消耗影响测量。长期不用此表时，应将电池取出。

⑥ 勿带电测量电阻。

7. 电容的测量

将黑表笔接入“COM”插座，红表笔接入“V/Ω”插座。将量程开关转至相应的电容量程上，表笔对应极性(注意红表笔为“＋”极)接入被测电容。

注意：

① 如果事先对被测电容范围没有概念，应将量程开关转到最高的挡位，然后根据显示值转到相应挡位上。

② 如果屏幕显示“OL”，则表明已超过量程范围，需将量程开关转到较高挡位上。

③ 在测试电容前，屏幕显示值可能尚未归零，残留读数会逐渐减小，但可以不予理会，因为它不会影响到测量的准确度。

④ 在测试电容容量前，应对电容充分放电，以防止损坏仪表。

⑤ 单位换算：1 μF＝1000 nF，1 nF＝1000 pF。

8. 二极管通断测试

将黑表笔接入“COM”插座，红表笔接入“V/Ω”插座(注意红表笔为“＋”极)。

将量程开关转至“→|·)))”量程上，并连接到待测二极管，读数为二极管正向压降的近似值。

将表笔连接到待测线路的两点，如果两点之间电阻值低于 30 Ω，则内置蜂鸣器发出声音。

注意：

在实验中经常用该挡位测量导线、电缆通断的情况。

9. 三极管的管脚测试

将量程开关置于 hFE 挡；判断所测三极管为 NPN 或者 PNP 型，将发射极、基极、集电极分别插入测试附件上相应的插孔。

附录 2.2　双踪示波器的使用方法

双踪示波器是一种通用的小型示波器，可对被测信号进行定性和定量测量。通过示波器可以直观地观察被测电路的波形，包括形状、幅度、频率(周期)、相位。它不仅可同时观测两个不同的电信号的变化过程，而且还可以观测两个信号叠加后的变化过程，并可以任选某信道作单踪显示。

虽然示波器的品牌、型号、品种繁多，但其基本组成和功能却大同小异，以下介绍通用示波器和数字双踪示波器的使用方法。

一、通用示波器

1. 面板介绍

(1) 亮度和聚焦调节旋钮。

亮度调节旋钮用于调节光迹的亮度(有些示波器称为“辉度”)。使用时，应使亮度适当。若过亮，容易损坏示波管。

聚焦调节旋钮用于调节光迹的聚焦(粗细)程度，使用时以图形清晰为佳。

(2) 信号输入通道。

常用示波器多为双踪示波器，有两个输入通道，分别为通道 1(CH1)和通道 2(CH2)，可分别接上示波器探头，再将示波器外壳接地，探针插至待测部位进行测量。

(3) 通道选择键(垂直方式选择)。

常用示波器有五个通道选择键：

- CH1：通道 1 单独显示。
- CH2：通道 2 单独显示。
- ALT：两通道交替显示。
- CHOP：两通道断续显示，用于扫描速度较慢的双踪显示。
- ADD：表示示波器中两个信道(CH_1 和 CH_2)的信号叠加。

(4) 垂直偏转灵敏度调节旋钮。

调节垂直偏转灵敏度，应根据输入信号的幅度调节旋钮的位置，将该旋钮指示的数值(如 0.5 V/div，表示垂直方向每格幅度为 0.5 V)乘以被测信号在屏幕垂直方向所占格数，即得出该被测信号的幅度。

(5) 垂直移动调节旋钮。

该旋钮用于调节被测信号光迹在屏幕垂直方向的位置。

(6) 水平扫描调节旋钮。

调节水平速度，应根据输入信号的频率调节旋钮的位置，将该旋钮指示数值(如 0.5 ms/div，表示水平方向每格时间为 0.5 ms)乘以被测信号一个周期占有格数，即得出该信号的周期，也可以换算成频率。

(7) 水平位置调节旋钮。

该旋钮用于调节被测信号光迹在屏幕水平方向的位置。

(8) 触发方式选择。

示波器通常有四种触发方式：

① 常态(NORM)：无信号时，屏幕上无显示；有信号时，与电平控制配合显示稳定波形。

② 自动(AUTO)：无信号时，屏幕上显示光迹；有信号时，与电平控制配合显示稳定的波形。

③ 电视场(TV)：用于显示电视场信号。

④ 峰值自动(P－P AUTO)：无信号时，屏幕上显示光迹；有信号时，无需调节电平即能获得稳定波形显示。该方式只在部分示波器(例如 CALTEK 卡尔泰克 CA8000 系列示波器)中采用。

(9) 触发源选择。

示波器触发源有内触发源和外触发源两种。如果选择外触发源，那么触发信号应从外触发源输入端输入，通常在家电维修中很少采用这种方式。如果选择内触发源，一般选择通道 1(CH1)或通道 2(CH2)，应根据输入信号通道选择。如果输入信号通道选择为通道 1，则内触发源也应选择通道 1。

2. 测量方法

(1) 幅度和频率的测量方法(以测试示波器的校准信号为例)。

① 将示波器探头插入通道 1 插孔，并将探头上的衰减置于“1”挡。

② 将通道选择置于 CH1，耦合方式置于 DC 挡。

③ 将探头探针插入校准信号源小孔内，此时示波器屏幕出现光迹。

④ 调节垂直旋钮和水平旋钮，使屏幕显示的波形图稳定，并将垂直微调和水平微调置于校准位置。

⑤ 读出波形图在垂直方向所占格数，乘以垂直衰减旋钮的指示数值，得到校准信号的幅度。

⑥ 读出波形每个周期在水平方向所占的格数，乘以水平扫描旋钮的指示数值，得

到校准信号的周期(周期的倒数为频率)。

⑦ 一般校准信号的频率为1 kHz，幅度为0.5 V，用以校准示波器内部扫描振荡器频率。如果不正常，应调节示波器(内部)相应电位器，直至相符为止。

(2) 示波器的使用小结。

扫描→通道→显示→触发→同步。

(3) 示波器的使用口诀。

自动(AUTO)扫描→旋钮居中→交流(AC)耦合→垂直(VERT)触发→电平(TRIG LEVEL)调节。

二、数字双踪示波器

数字双踪示波器不仅具有多重波形显示、分析和数学运算功能，波形、设置、CSV和位图文件存储功能，自动光标跟踪测量功能，波形录制和回放功能等，还支持即插即用USB存储设备和打印机，并可通过USB存储设备进行软件升级等。

常用数字双踪示波器的前面板和使用要领简介如下：

1. DS1072U 数字双踪示波器

DS1072U数字双踪示波器前面板如附图2.2-1所示。按功能前面板可分为8大区，即液晶显示区、功能菜单操作键区、常用菜单区、执行按键区、垂直控制区、水平控制区、触发控制区、信号输入/输出区等。

功能菜单操作键区包含5个按键、1个多功能旋钮和1个按钮。5个按键用于操作屏幕右侧的功能菜单及子菜单；多功能旋钮用于选择和确认功能菜单中下拉菜单的选项等；按钮用于取消屏幕上显示的功能菜单。

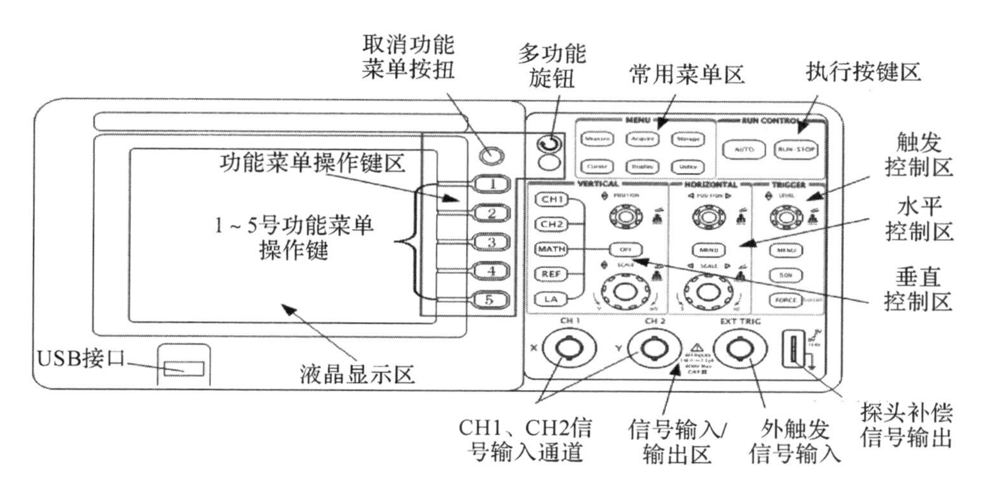

附图2.2-1　数字示波器前面板

通过功能菜单操作键区的5个按键可选定功能菜单的选项。功能菜单选项中有“◁”符号的，表明该选项有下拉菜单。下拉菜单打开后，可转动多功能旋钮“↻”选择相应的项目并按下予以确认。功能菜单上、下有“⬆”、“⬇”符号，表明功能菜单一页未显示完，可操作按键上、下翻页。功能菜单中有“↺”，表明该项参数可转动多功能旋钮进行设置调整。按下取消功能菜单按钮，显示屏上的功能菜单立即消失。

执行按键区有AUTO(自动设置)和RUN/STOP(运行/停止)2个按键。按下AUTO按键，示波器将根据输入的信号，自动设置和调整垂直、水平及触发方式等各项控制值，使波形显示达到最佳适宜观察状态，如需要，还可进行手动调整。

垂直控制区如附图2.2-2所示。垂直位置旋钮“◎POSITION”可设置所选通道波形的垂直显示位置。转动该旋钮不但显示的波形会上下移动，且所选通道的“地”(GND)标识也会随波形上下移动并显示于屏幕左状态栏，移动值则显示于屏幕左下方；按下垂直位置旋钮“◎POSITION”，垂直显示位置快速恢复到零点(即显示屏水平中心位置)处。垂直衰减旋钮“◎SCALE”调整所选通道波形的显示幅度。转动该旋钮改变“Volt/div(伏/格)”垂直挡位，同时状态栏对应通道显示的幅值也会发生变化。CH1、CH2、MATH、REF为通道键，按下某按键屏幕将显示其功能菜单、标志、波形和挡位状态等信息。OFF键用于关闭当前选择的通道。

水平控制区如附图2.2-3所示。它主要用于设置水平时基值。水平位置旋钮“◎POSITION”调整信号波形在显示屏上的水平位置，转动该旋钮不但波形随旋钮而水平移动，而且触发位移标志“T”也在显示屏上部随之移动，移动值则显示在屏幕左下角；按下此旋钮触发位移恢复到水平零点(即显示屏垂直中心线置)处。水平衰减旋钮“◎SCALE”改变水平时基挡位设置，转动该旋钮改变“s/div(秒/格)”的水平挡位，按下状态栏TIME后显示的主时基值也会发生相应的变化。水平扫描速度从20～50 s，以“1－2－5”的形式步进。按动水平衰减旋钮“◎SCALE”可快速打开或关闭延迟扫描功能。按水平功能菜单“MENU”键，显示TIME功能菜单，可开启/关闭延迟扫描，切换Y(电压)－T(时间)、X(电压)－Y(电压)和ROLL(滚动)模式，设置水平触发位移复位等。

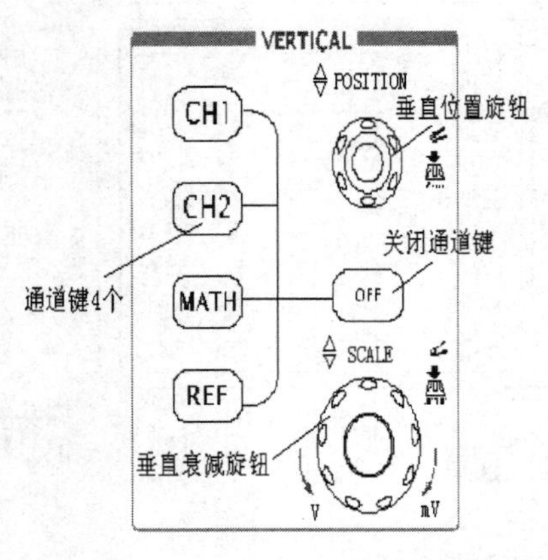

附图2.2-2　垂直控制区

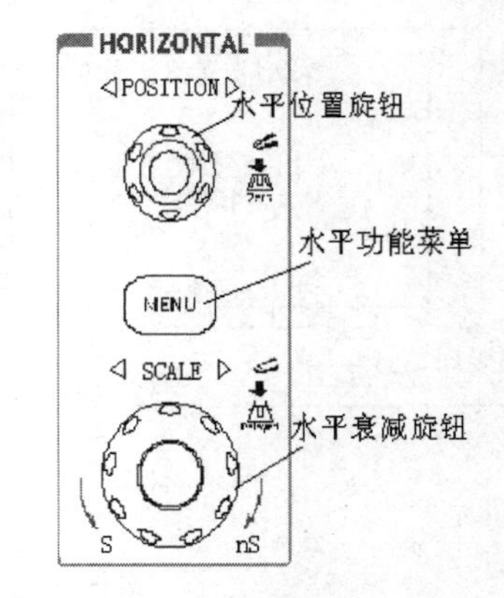

附图2.2-3　水平控制区

2. DS1072U数字示波器

DS1072U数字示波器显示界面如附图2.2-4所示。它主要包括波形显示区和状态显示区。液晶屏边框线以内为波形显示区，用于显示信号波形，测量数据、水平位移、垂直位移和触发电平值等。位移值和触发电平值在转动旋钮时显示，停止转动5s后则消失。显示屏边框线以外为上、下、左3个状态显示区(栏)。下状态栏通道标志为黑底的是当前选定通道，操作示波器面板上的按键或旋钮只有对当前选定通道有效，按下通道按键则可选定被按通道。状态显示区显示的标志位置及数值随面板相应按键或旋钮的操作而变化。

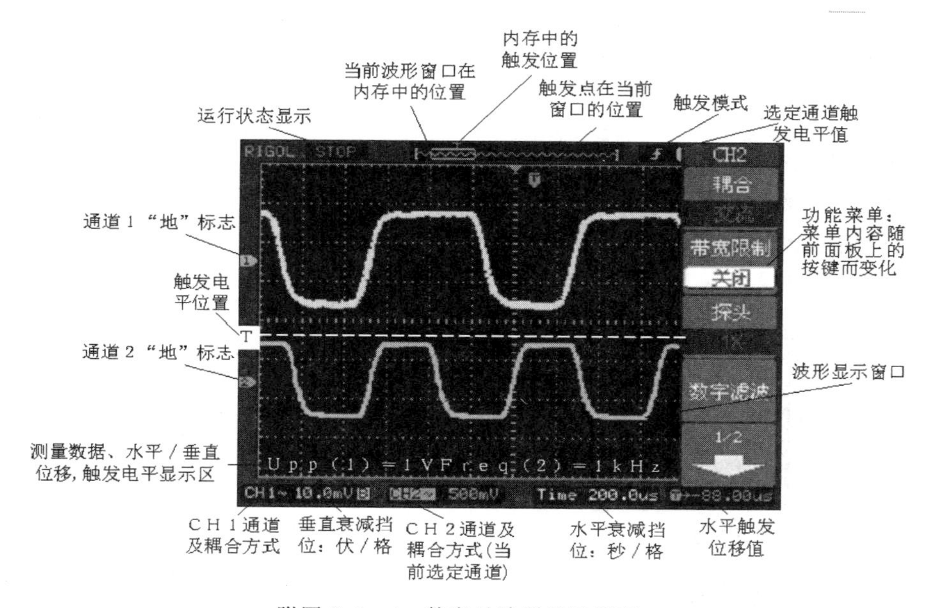

附图2.2-4　数字示波器显示界面

3. 示波器使用要领

(1) 信号接入方法。以CH1通道为例介绍信号接入方法。

① 将探头上的开关设定为10×挡，将探头连接器上的插槽对准CH1插口并插入，然后向右旋转拧紧。

② 设定示波器探头衰减系数。探头衰减系数可改变仪器的垂直挡位比例，因而直接关系到测量结果的正确性。默认的探头衰减系数为1×挡，设定时必须使探头上的黄色开关的设定值与输入通道“探头”菜单的衰减系数一致。此时应选择并设定为10×挡。

③ 把探头端部和接地夹接到函数信号发生器或示波器校正信号输出端。按AUTO(自动设置)键，几秒钟后，在波形显示区即可看到输入函数信号或示波器校正信号的波形。

用同样的方法检查并向CH2通道接入信号。

(2) 为了加速调整，便于测量，当被测信号接入通道时，可直接按AUTO键，以便立即获得合适的波形显示和挡位设置等。

(3) 示波器的所有操作只对当前选定(打开)通道有效。通道选定(打开)方法是：按CH1或CH2按钮即可选定(打开)相应通道，并且状态栏的通道标志将变为黑底。

关闭通道的方法是：按 OFF 键或再次按下通道按钮，当前选定的通道即被关闭。

(4) 数字示波器的操作方法类似于操作计算机，其操作分为三个层次。第一层：按下前面板上的功能键即进入不同的功能菜单或直接获得特定的功能应用；第二层：通过 5 个功能菜单操作键选定屏幕右侧对应的功能项目或打开子菜单或转动多功能旋钮“↻”调整项目参数；第三层：转动多功能旋钮“↻”选择下拉菜单中的项目并按下旋钮“↻”对所选项目予以确认。

(5) 使用时，应通过观察上、下、左状态栏来确定示波器设置的变化和状态。

4. 显示波形的存储

在常用 MENU 控制区按 STORAGE 键，弹出存储和调出功能菜单，如附图 2.2-5 所示。通过该菜单及相应的下拉菜单和子菜单可对示波器内部存储区和 USB 存储设备上的波形和设置文件等进行保存、调出、删除操作，操作的文件名称支持中、英文输入。

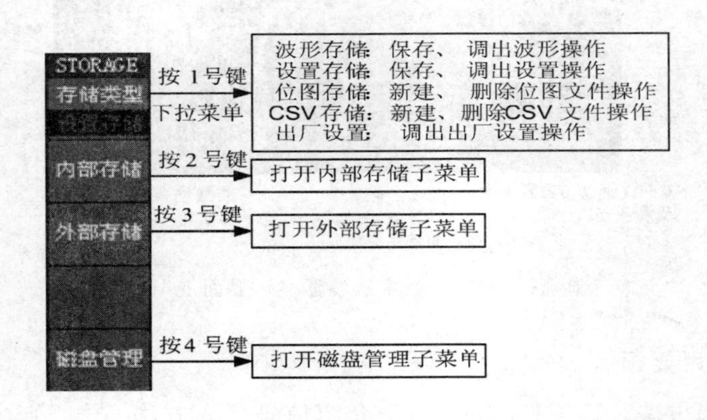

附图 2.2-5 存储与调出菜单

存储类型选择“波形存储”时，其文件格式为 wfm，该文件只能在示波器中打开；存储类型选择“位图存储”和“CSV 存储”时，还可以选择是否以同一文件名保存示波器参数文件(文本文件)，“位图存储”文件格式是 bmp，可用图片软件在计算机中打开，“CSV 存储”文件为表格，可在 Excel 中打开，并可用其“图表导向”工具转换成需要的图形。

“外部存储”只有在 USB 存储设备插入时，才能被激活进行存储文件的各种操作。

注意：

实验中要求保存的波形，请存储在 U 盘中，并自行打印出来附在实验报告中。具体步骤如下：

① 插入 U 盘，当附图 2.3-5 中的外部存储字样发亮时，表明 U 盘被识别；如果该字样发暗，则未被识别，请更换 U 盘再试。

② 存储类型选择“位图存储”。

③ 打开外部存储菜单，选择“新建文件”。

④ 文件名默认为“新建文件 0”，后续如再存储另外的波形，文件名默认为“新建文件 1”，依次类推，也可自行更改，但建议使用默认名。

⑤ 选择“保存文件”即可。

附录 2.3　函数信号发生器的使用方法

以 EE1410 型合成函数信号发生器为例，介绍电子技术实验中信号源的使用方法。

EE1410 型合成函数信号发生器是一种采用直接数字合成技术(DDS)的信号发生器，能够产生正弦波、方波、三角波、锯齿波、脉冲波等波形，是电工实验中常用的信号源设备之一。其面板如附图 2.3－1 所示。

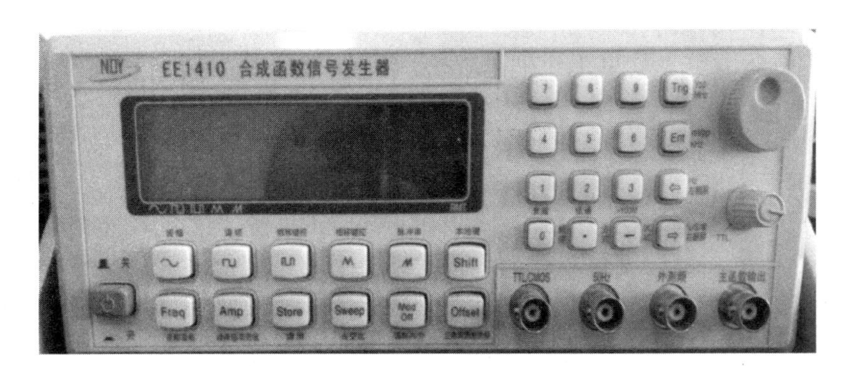

附图 2.3－1　EE1410 型函数信号发生器的面板

1. 函数信号发生器面板按钮功能

(1) 电源开关：按下电源开关，则打开电源；弹起电源开关，则关闭电源。当整机通电时电源指示灯发光。

(2) 数字按钮：输入数字进行量程选择。

(3) TTL 电位器旋钮：当电位器为关状态时，TTL/COMS 输出端口输出 TTL 信号；当电位器为开状态时，TTL/COMS 输出端口输出 CMOS 信号。

(4) 外测频：输入被测信号的端口。

(5) 主函数输出：可输出正弦波、方波、三角波、脉冲波、锯齿波等信号。

(6) TTL/CMOS：可输出 TTL、CMOS 信号。

(7) 液晶显示屏下方的按键均有两种功能，键帽上显示的为第一功能，第一排键帽上方、第二排键帽下方的文字为第二功能。

注意：

Amp 键第一功能为设置输出幅度，第二功能为切换幅度显示的峰峰值/有效值。在使用按键的第二功能时，需要按住 Shift 键不放，再按需要的功能键。

2. 开机初始状态

仪器开机后，液晶显示屏显示当前操作的内容，以及信号的频率、幅度、调制方式等，但每次显示其中的一项内容，可用左翻屏键、右翻屏键查看其他内容。

输出状态下，主函数输出端口输出峰峰值为 1 V，频率为 3 MHz 的正弦波。若按函数/音频键，则主函数输出端口输出峰峰值为 1 V，频率为 1 kHz 的正弦波。

实验时，要注意正弦信号峰峰值和有效值之间的转换关系。

注意：

正弦波有效值$=\frac{\sqrt{2}}{4}\times$正弦波峰峰值。

3. 主函数输出设置方法

(1) 波形选择：选择正弦波，则按下正弦波键(第一排第一个)；选择方波，则按下方波键(第一排第二个)；选择三角波，则按下三角波键(第一排第三个)。

选择不同的波形时，液晶显示屏下方的小光标移动到对应的波形符号上方，表示当前的输出波形。

(2) 频率设定：设定频率 2.8 kHz，依次按下 Freq 键、数字 2、数字小数点、数字 8、Ent 键(此时 Ent 键代表 kHz 的频率单位)。

(3) 幅度设定：设定幅度为 1.5 V，依次按下 Amp 键、数字 1、数字小数点、数字 5、Trig 键(此时 Trig 键代表峰峰值的幅度单位)。

注：按住 Shift 键，再按 Amp 键，若原来为有效值，则改为峰峰值；若原来为峰峰值，则改为有效值。

4. 数字旋钮的使用方法

在实际应用中，有时需要对信号进行连续调节。这时可以使用面板上的数字旋钮，操作过程如下：

(1) 按左翻屏键、右翻屏键，使显示屏上显示频率、幅度这样的数字信息。

(2) 旋转数字旋钮使显示屏上的光标移动到需要修改的数字所在的位置，然后按 Ent 键进行位置确认。

(3) 旋转数字旋钮更改数字，然后按 Ent 键进行数字确认。为防止输出端断路，使用旋钮时，要缓慢旋转。

附录 2.4　交流毫伏表的使用方法

1. 双通道晶体管交流毫伏表简介

交流毫伏表是一种用来测量正弦信号的交流电压表，主要用于测量毫伏级以下的交流电压，其测量值为正弦交流信号的有效值。实验室使用的交流毫伏表型号为 AS2294D，如附图 2.4-1 所示。

附图 2.4－1　双通道晶体管交流毫伏表 AS2294D

2. 交流毫伏表的工作方式

(1) 异步工作方式：AS2294D 毫伏表是由两个电压表组成的，因此在异步工作时是两个独立的电压表。也就是说，它可作为两台单独电压表使用，一般用于测量两个电压量程相差比较大的情况，如测量放大器增益，可用异步工作状态。按下左边通道旁边的按钮，“ASYN”指示灯亮，此时交流毫伏表工作在异步工作方式。

(2) 同步工作方式：AS2294D 毫伏表同步工作时，可由一个通道量程控制旋钮同时控制两个通道的量程，它适用于立体声或者二路相同放大特性的放大器。按下左边通道旁边的按钮，“SYNC”指示灯亮，此时交流毫伏表工作在同步工作方式。

(3) 浮置功能：在毫伏表后方扳动开关，上方“FLOAT”代表浮置功能，下方“GND”代表接地功能。

① 在音频信号传输中，有时需要平衡传输，此时测量其电平时，不能采用接地形式，需要浮置测量。

② 在测量 BTL 放大器时(如大功率 BTL 功率放大器)，输出两端任一端都不能接地，否则将会引起测量不准甚至烧坏功率放大器，这时宜采用浮置方式测量。

③ 某些需要防止地线干扰的放大器或带有直流电压输出的端子及元器件二端电压的在线测试等均可采用浮置方式测量，以避免由于公共接地带来的干扰或短路。

3. 交流毫伏表的使用方法

(1) 通电。加入测量信号，接通电源。为保证性能稳定，可预热 10 秒钟后使用。

(2) 连接被测电路。将输入测试探头上的红、黑鳄鱼夹与被测电路并联(红色鳄鱼夹接被测电路的正端，黑色鳄鱼夹接地端)。

(3) 选择合适量程。观察表头指针在刻度盘上所指位置，若指针在起始点基本没动，说明被测电路的电压很小，且毫伏表量程选择过高。此时应逆时针旋转量程开关，用递减法由高量程向低量程变换，直到表头指针指在满刻度的 2/3 或者中间部分即可。

(4) 读数。表头刻度盘上共刻有四条刻度，第一条和第二条刻度为测量交流电压有效值的专用刻度，第三条和第四条刻度为测量分贝值的刻度。当量程开关分别选择 10 V，1 V，0.1 V，10 mV，1 mV 量程时，读数看表头中第一条满刻度为 10 的表盘；当选择 30 V，3 V，0.3 V，30 mV，3 mV 量程时，读数看表头中满刻度为 3 的表盘(逢 1 就从第一条刻度读数，逢 3 从第二条刻度读数)。例如：若选用 0.3V 的挡位，读数时看满刻度为 3 的表盘；若此时指针指在 1 的位置上，则实际测量电压为有效值 0.1 V。

当用该仪表去测量外电路中的电平值(分贝)时，就从第三、四条刻度读数，读数方法是逢 1 就从第三条刻度读数，逢 3 从第四条刻度读数。指针指示值再加上量程数，等于实际测量值。

注意：

① 当不知被测电路中电压值大小时，必须首先将毫伏表的量程开关置于最高挡。如果指针基本不动或者动得很少，应逐级递减量程，直到指针指在刻度盘中间或偏右的部分再读数。

② 若要测量高电压，输入端黑色鳄鱼夹必须与地连接，防止触电。

③ 测量前应短路调零。打开电源开关，将测试线的红黑夹子夹在一起，将量程旋钮旋到 1 mV 量程，指针应指在零位。如有误差要通过面板上的调零电位器将指针调零。

④ 交流毫伏表灵敏度较高，打开电源后，在较低量程时由于干扰信号(感应信号)的作用，指针会发生偏转，称为自起现象。所以在不测试信号时应将量程旋钮旋到较高量程挡，以防打弯指针。

⑤ 对正弦波而言，测量值就是其有效值；对方波、三角波而言，利用交流毫伏表得到的测量值并不是其有效值，但是可以根据该值换算得到其有效值。有效值换算公式：有效值＝测量值×0.9×波形系数(方波波形系数为 1，三角波波形系数为 1.15)。

附录3　长安大学电工电子实验报告格式

学 生 实 验 报 告

实验课名称：

实验项目名称：

专业名称：

班级：

学号(序号)：

学生姓名：

教师姓名：

实验课时间：

组别：______________ 同组同学：______________

实验日期：______________ 实验室名称：______________

一、实验名称

二、实验目的与要求

三、实验仪器设备

四、实验原理

五、实验内容及步骤

六、实验结果与总结分析

七、讨论和回答问题及体会

附录4 长安大学实验成绩登记表

长安大学实验课成绩登记表

实验课名称		电工与电子技术基础(上)				总学时	14	属性：非电专业	
2016280＊＊＊班 班长155＊＊＊＊＊＊＊＊(27人)周三78节(第7～16周)									
序号	学生姓名	基尔霍夫 10.11	三相电路 10.18	日光灯 10.25	单管放大 11.15	集成运放 11.22	触发器 11.29	计数器 12.06	总评成绩 (含考勤)
1									
2									
3									
4									
5									
6									
7									
8									
9									
10									
11									
12									
13									
14									
15									
16									
17									
18									
19									
20									
21									
22									
23									
24									
25									
26									
27									

可上课时间：周一78节，周二78节，周三78节，周四345678节，周五56节 理论课教师：＊＊＊

附录5 长安大学实验课考核办法

长安大学电工类实验课程评分细则(修订版)

为促进实验教学管理规范化，根据我校2017年度教学审核评估有关规定，结合本单位实际情况，特制定本细则。

一、实验课程成绩的评定

(1) 电工类课程实验成绩取所有实验项目成绩的平均值，每个实验项目成绩按百分制分数给定。

(2) 无故缺做实验，实验项目成绩记0分，如缺做实验项目占总数的30%以上，不论其他项目成绩高低，课程成绩为不及格。

(3) 实验课成绩占本理论课程总成绩的30%。若实验课平均成绩不及格，则本学期本理论课程按照教学规定：重修。

二、实验项目成绩的评定

(1) 每个实验项目成绩包括操作成绩和报告成绩两部分，各占50%的比例。

(2) 每个实验项目成绩采用倒扣分制度，起评分100分，5分起扣步进，最多扣分100分，扣分点如下：

① 实验操作成绩(共50分)。

· 上课迟到5分钟内：扣5分；

· 上课迟到5～10分钟内：扣10分(迟到超过10分钟，不允许做实验，需另换时间补做)；

· 上课纪律差，高声喧哗，随意走动，使用手机等：扣5～10分；

· 违反操作规定，损坏仪器：扣5～20分；

· 测量数据或图形不准：扣5～10分；

· 操作有误或效果差：扣5～20分；

· 实验结束不按要求整理仪器、打扫卫生：扣5～10分；

· 抄袭别人数据：该次实验项目成绩记0分。

② 报告成绩(共50分)。

· 实验报告填写字迹不端正，排列不整齐：扣5～10分；

· 实验报告上各项目内容未写或不全或与实际要求不符：扣5～10分；

- 图形、数据记录单未按要求粘贴：扣 5 分；
- 未进行数据处理：扣 10～20 分；
- 数据处理方法不当或处理内容不全或处理过程不清楚：扣 5～20 分；
- 结果表示不正确或不全面(表达形式、有效数字、单位等)：扣 5～10 分；
- 误差过大，结果偏离正常范围：扣 5～10 分；
- 误差分析与问题讨论未进行或不正确或不全面：扣 5～10 分
- 实验报告上交不及时：扣 5～20 分；
- 实验报告雷同率在 90%以上，该次实验项目成绩记 0 分。

长安大学

电工电子实验教学中心

附录6　常用电子元器件的识别与检测

一、电阻元件

1. 色环电阻

(1) 元件的认识。

① 电阻的文字符号：R。

② 电阻的作用：稳压、稳流、分压、分流。

③ 电阻的标称：1 MΩ＝1000 kΩ＝10^6 Ω(兆欧/千欧/欧姆)。

(2) 元件的检测。

一看：外形是否端正，阻值标称是否清晰完好。

二测：用万用表的电阻挡进行测量。先根据色环判断电阻的大约阻值，再选择不同的电阻挡位进行测量。如果阻值为0或是∞，则该电阻已经损坏。

注意：测量时不能带电测量，不能用两手同时去接触电阻两管脚(或表笔的金属部分)，以防将人体电阻并联在被测电阻两端，影响测量结果。

(3) 阻值色标法。

采用不同颜色的色环或点在电阻表面标出标称阻值和允许误差，应保证各个角度都能看清楚。阻值色标法适合体积小的电阻采用。色环电阻分为四环电阻和五环电阻两种。色环表示的意义如附表6-1所示。

附表6-1　色环表示的意义

颜色	有效数字	倍率	允许误差	颜色	有效数字	倍率	允许误差
黑	0	10^0	—	紫	7	10^7	±0.1%
棕	1	10^1	±1%	灰	8	10^8	—
红	2	10^2	±2%	白	9	10^9	—
橙	3	10^3	—	金	—	10^{-1}	±5%
黄	4	10^4	—	银	—	10^{-2}	±10%
绿	5	10^5	±0.5%	无色	—		±20%
蓝	6	10^6	±0.25%				

四环电阻：普通电阻。第一、二环为阻值的有效数字，第三环为倍乘(即有效数字后所加的零的个数)，第四环为偏差(通常为金色或银色)，如附图6-1所示。

在附图6-1中，第一棕环表示1，第二黑环表示0，第三棕环表示加1个0，第四金环表示±5%的误差。因此该电阻的阻值为100 Ω±5%的误差。

五环电阻：精密电阻。第一、二、三环为阻值的有效数字，第四环为倍乘数，第五环为偏差(通常最后一条与前面四条之间距离较大)，如附图 6－2 所示。

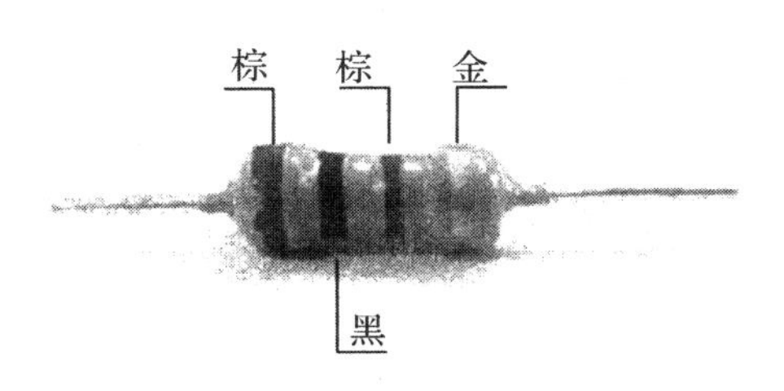

附图 6－1　四环电阻

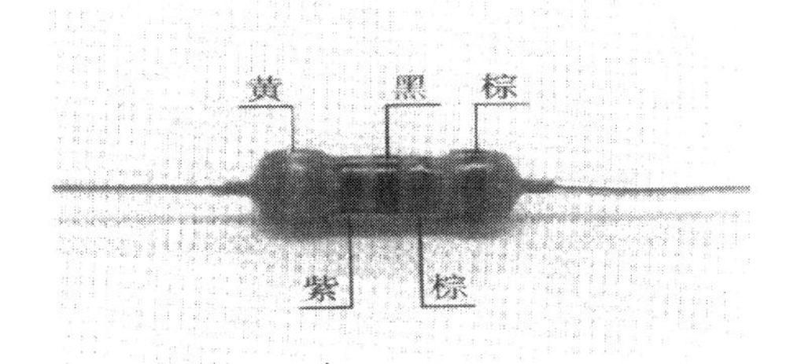

附图 6－2　五环电阻

在附图 6－2 中，第一黄环表示 4，第二紫环表示 7，第三黑环表示 0，第四棕环表示 1，第五棕环表示±1％的误差。该电阻的阻值为 $470\times10^{1}\ \Omega\pm1\%$ 的误差。

(4) 阻值直标法。

在电阻的表面直接用数字和单位符号标出电阻的标称阻值，其允许误差直接用百分数表示；该方法一目了然，但不适合体积小的电阻采用。

(5) 电阻额定功率。

有电流流过时，电阻便会发热，而温度过高时电阻将会因功率不够而烧毁。所以不但要选择合适的电阻值，而且还要正确选择电阻的额定功率。在电路图中，不加功率标注的电阻通常为 1/8 W。不同功率电阻的体积是不同的。一般来说，电阻的功率越大，体积就越大。

2. 电位器(可调电阻)

(1) 元件的认识。

① 电位器的文字符号：R_{P}。

② 电位器的作用：通过旋转轴或滑动臂来调节阻值，阻值变化范围为 0～R。

③ 电位器的标称：多采用阻值直标法。

④ 电位器图形符号和实物如附图 6－3 所示。

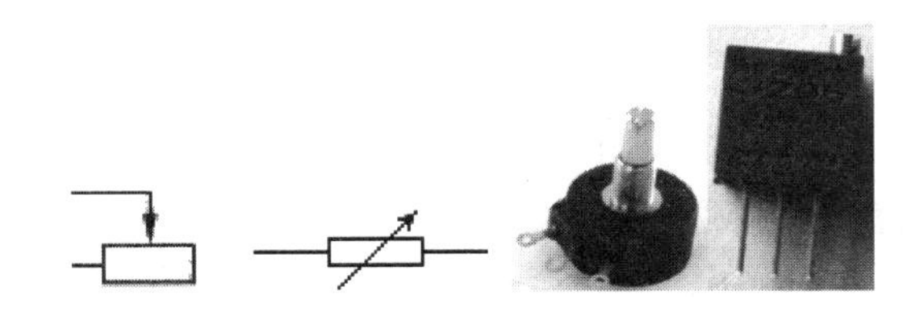

附图 6－3　电位器图形符号和实物

(2) 元件的检测。

一看：外形是否端正，阻值标称是否清晰完好，转轴是否灵活，松紧是否适当。

二测：测标称阻值和测电阻变化。

① 根据标称选择好万用表电阻挡的量程。

② 先按照附图 6－4 所示方法测“1”、“3”两端，其读数应为电位器的标称阻值。

③ 测量“1”、“2”或“2”、“3”两端，如附图 6－5 所示。若将电位器的转轴逆时针旋

转，则指标应平滑移动，电阻值要逐渐减小；若将电位器的转轴顺时针旋转，则电阻值应逐渐增大，直至接近电位器的标称值为止。

④ 如在检测过程中，万用表指标有断续或跳动现象，则说明该电位器存在着活动触点接触不良和阻值变化不匀的问题。

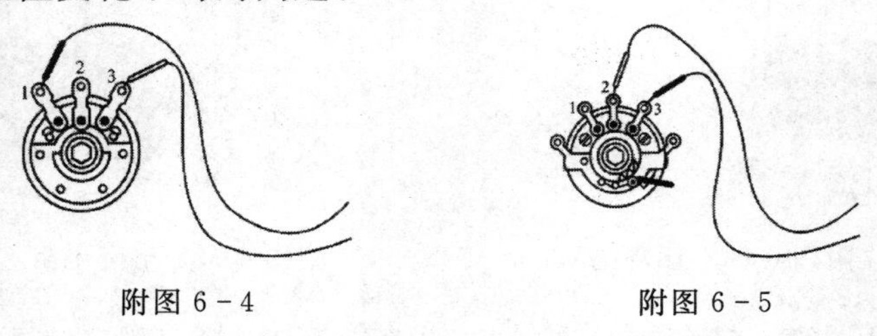

附图 6-4　　　　附图 6-5

3. 光敏电阻

(1) 元件的认识。

① 光敏电阻的文字符号：R_L。

② 光敏电阻的作用：利用光敏感材料的内光电效应制成的光电元件，可作开关式光电信号传感元件。

③ 光敏电阻的特点：精度高、体积小、性能稳定、价格低；光照越强，阻值越小，无极性。

④ 光敏电阻的选用：根据实际应用电路的需要来选择暗阻、亮阻合适的光敏电阻。通常选择阻值变化大、额定功率大于实际耗散功率、时间常数较小的光敏电阻。

⑤ 图形符号：光敏电阻图形符号及实物如附图 6-6 所示。

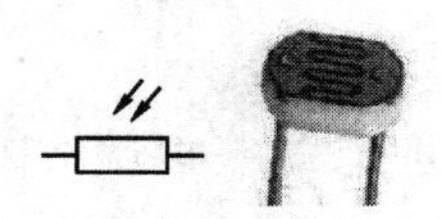

附图 6-6

(2) 元件的检测。

极性识别：无极性。

质量检测：光敏电阻一般亮电阻为几千欧甚至 1 千欧以下，暗电阻可达几兆欧以上。因此可以用万用表 R×1k 挡测量在不同的光照下光敏电阻的阻值变化来判断其性能好坏。步骤如下：

① 将指针式万用表置于 R×1 k 挡。

② 用鳄鱼夹代替表笔分别夹住光敏电阻的两根引线。

③ 用一只手或黑纸片反复遮住光敏电阻的受光面，然后移开。

④ 观察万用表在光敏电阻的受光面被遮住前后的变化情况。若读数变化明显，则光敏电阻性能良好；若读数变化不明显，则将光敏电阻的受光面靠近电灯。增加光照强度，同时再观察万用表读数变化情况，如果读数变化明显，则光敏电阻灵敏度较低；若读数仍无明显变化，说明光敏电阻已失效。

二、电容元件

电容元件的文字符号：C。

电容元件的作用：储能元件，作旁路，作耦合，隔直流通交流，隔低频通高频。

1. 电解电容

(1) 元件的认识。

① 电解电容的图形符号及实物：电解电容的图形符号及实物如附图6－7所示。

② 电解电容的特点：有极性，体积大。

③ 电解电容的标称：阻值。直标法。将电容值和耐压值直接标注在电容体上。

$1F=10^6\mu F=10^9nF=10^{12}pF$（法/微法/纳法/皮法）。

附图6－7

(2) 元件的检测。

① 极性识别。电解电容有两个引脚，一般长脚为正极，短脚为负极。电容器的外壳上标有"—"号的一端为负极，另一端为正极。

② 质量检测。1～47 μF间的电解电容器的测量可选用万用表电阻R×1 k挡；47～1000 μF之间的电解电容的测量可选用R×100挡。

测量前要将电容的两个管脚相接放电。

通常用表笔接触电解电容的两极。在接触的瞬间表针向小电阻值摆动后回摆到一定位置。此时的数值越大，电容性能越好。一般正常的电容能回摆到∞。

如果最大指示不是∞，说明电容器漏电，R越小，漏电越大；指针指到0不回摆则说明电容器短路击穿；表针不动说明失去容量。

注意：检测时，手指不要同时接触被测电解电容的两个管脚。否则，将使万用表指针回不到无穷大的位置；在实际使用中，必须按极性要求正确安装，否则，可能引起电解电容击穿或爆炸。

2. 瓷片电容

(1) 元件的认识。

① 瓷片电容的图形符号及实物：瓷片电容图形符号及实物如附图6－8所示。

② 瓷片电容的特点：无极性，体积小，高频性优越。

③ 瓷片电容的作用：多用于高频振荡与回路。

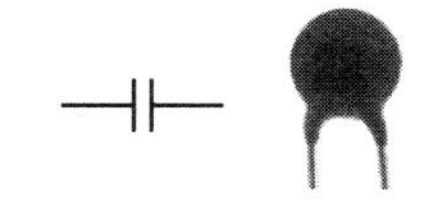

附图6－8

④ 瓷片电容的标称：数码表示法。一般用三个数字表示电容值，单位是pF。前两位表示电容量的两位有效数字，最后一位是有效数字中零的个数。注意：如果最后一位数字是9的话，则表示10^{-1}。如：333→33000 pF＝0.033 μF339→33×10^{-1} pF。

(2) 元件的检测。

粗略测量可用指针式万用表电阻挡 10 K 量程，快速反复调换表笔测量。每次正常的测量指针应摆动一点再回到原位。

3. 涤纶电容

(1) 元件的认识。

① 涤纶电容的图形符号及实物：涤纶电容的图形符号及实物如附图 6 - 9 所示。

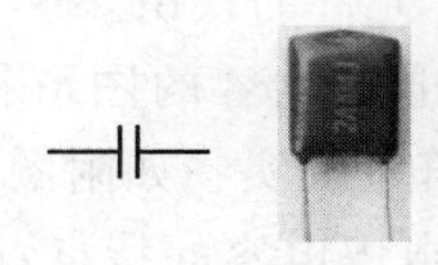

附图 6 - 9

② 涤纶电容的标称：数码表示法。

③ 涤纶电容的特点：无极性。

(2) 元件的检测。

检测方法同瓷片电容。

三、电感元件

1. 元件的认识

① 文字符号：L。

② 标称：直标法。单位为 $1\ H=10^3\ mH=10^6\ \mu H$(亨利/毫亨/微亨)。

③ 作用：隔交通直、滤波、变压器制作等。

④ 图形符号及实物：电感的图形符号及实物如附图 6 - 10 所示。

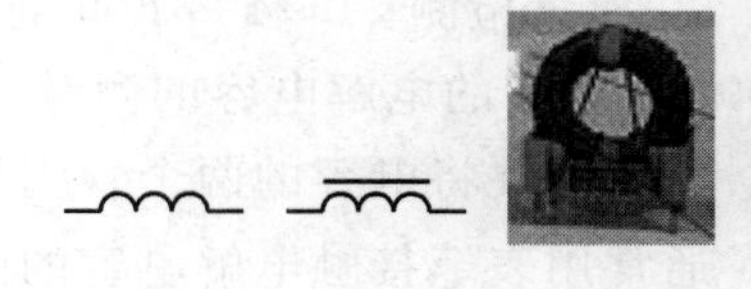

附图 6 - 10

2. 元件的检测

(1) 极性识别。无极性。

(2) 质量检测。可用万用表电阻挡测试电感线圈的直流电阻。正常的电感线圈的直流电阻很小，若测量出的直流电阻很大，说明电感线圈已断路。

四、二极管

1. 整流二极管

(1) 元件的认识。

① 整流二极管的文字、图形符号及实物：VD，图形符号及实物如附图 6 - 11 所示。

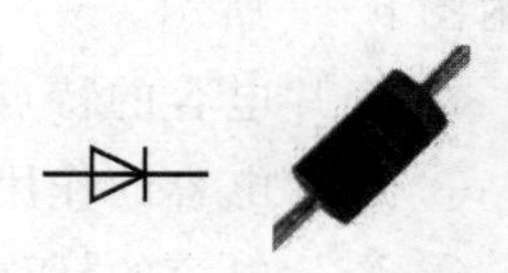

附图 6 - 11

② 整流二极管的标称：直接标注在二极管体上。

③ 整流二极管的特性：单向导电性。

④ 整流二极管的作用：整流、限幅、检波。

（2）元件的检测。

① 极性识别。外壳有一条色带（银色或黑色）标志的一端为二极管的负极，另一端为二极管的正极。

② 质量检测。选用万用表电阻 R×1 k 挡测量二极管的正、反向电阻。万用表的红表笔接二极管的正极，黑表笔接二极管的负极，测量反向电阻值为几百千欧以上，接近“∞”。万用表的黑表笔接二极管的正极，红表笔接二极管的负极，测量正向电阻值为几千欧。若正反向电阻值同样大，则内部断路；若正反向电阻值同样小，则内部短路。

（3）元件的选用。

根据主要参数即最大整流电流、最高反向工作电压和反向漏电流进行元件选择。

注意：测量小功率二极管时，不宜使用 R×1 或 R×10 k 挡。因 R×1 挡电流太大，R×10 k 挡电压过高，都容易烧坏管子。

2. 稳压二极管

（1）元件的认识。

① 稳压二极管的文字、图形符号及实物：VDz，图形符号及实物如附图 6－12 所示。

② 稳压二极管的标称：型号直接标注在管体上。

③ 稳压二极管的作用：稳定电压。

④ 稳压二极管的特点：工作在反向击穿状态下不会导致硅二极管损坏。一旦撤销工作电压，便能恢复原来状态，且其击穿是可逆的。

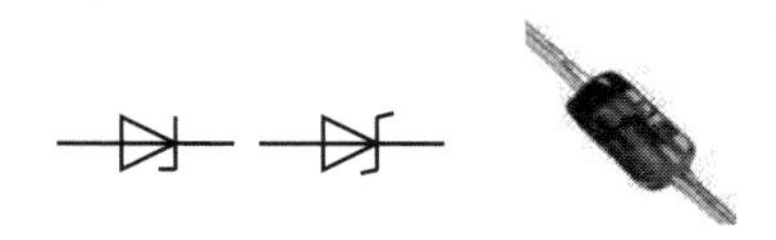

附图 6－12

（2）元件的检测。

① 极性识别。外壳上有一条色带（黑）标志的一端为稳压二极管的负极，另一端为正极。

② 质量检测。选用万用表电阻 R×1 k 挡测量稳压二极管的正反向电阻。万用表的黑表笔接稳压二极管的正极，红表笔接稳压二极管的负极，测正向电阻为几十千欧。万用表的红表笔接稳压二极管的正极，黑表笔接稳压二极管的负极，测反向电阻为几百千欧以上，接近“∞”。

（3）元件的选用。

稳定电压值应能满足实际应用电路的需要；工作电流变化时的电流值上限不能超过被选稳压二极管的最大稳定电流值。

能够稳定电压的基本条件：

① 管子两端需加上一个大于其击穿电压的反向电压。

② 采取适当措施限制击穿后的反向电流值，如将管子与一个适当的电阻串联后，

再反向接入电路中。

3. 发光二极管(可见光)

(1) 元件的认识。

① 发光二极管的文字、图形符号及实物：LED，图形符号及实物如附图 6－13 所示。

② 发光二极管的作用：把电能转化成光能，广泛用于各类电器及仪器仪表中。

③ 发光二极管的特点：通过一定的电流时就会发光；体积小、工作电压低、工作电流小。

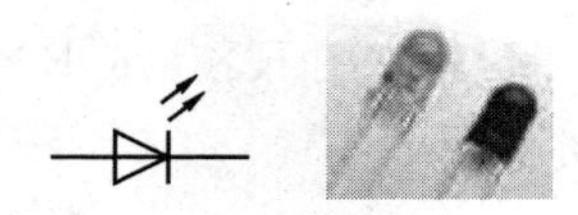

附图 6－13

(2) 元件的检测。

① 极性识别。长脚的为正极，短脚的为负极

② 质量检测。选用万用表电阻 R×100 或 R×1 k 挡。交换表笔测量。两次测量结果一大一小。黑表笔接二极管正极，红表笔接二极管负极，正向阻值较小，一般为几千欧。红表笔接二极管正极，黑表笔接二极管负极，正向阻值较大，接近“∞”。

(3) 元件的选用。

不能让发光二极管的亮度太高(即工作电流太大)，否则容易使发光二极管早衰而影响使用寿命。

五、三极管

三极管按极性划分为：PNP、NPN 两种。

三个管脚：基极(b)、集电极(c)、发射极(e)。

三极管可以使小电流(基极电流)控制输出大电流。

(1) 元件的认识。

① 三极管的文字及图形符号：V，图形符号如附图 6－14 所示。

② 三极管的作用：电流放大、功率放大。

③ 三极管的特点：三种工作状态。放大(发射结正偏，集电结反偏)；饱和(发射结正偏，集电结正偏)；截止(发射结反偏，集电结反偏)。

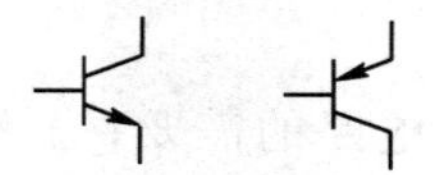

附图 6－14

(2) 元件的检测。

① 引脚识别(见附表 6－2)。

附表 6-2　三极管引脚识别

封装形式	外　形	引脚排列位置	分布特征说明
塑料封装	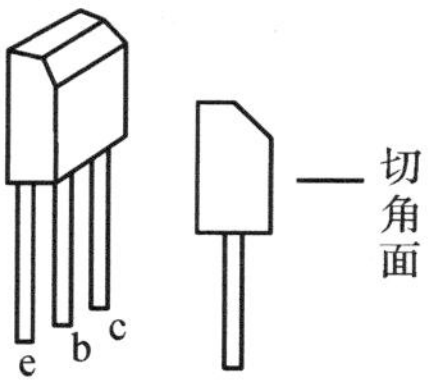 切角面 e b c	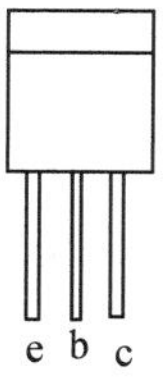 e b c	面对切角面，管脚向下从左到右为 e、b、c
	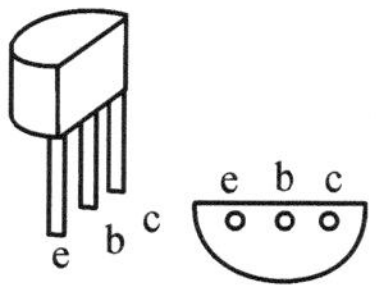 e b c　e b c	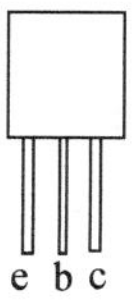 e b c	平面朝向自己，管脚向下，从左到右为 e、b、c
	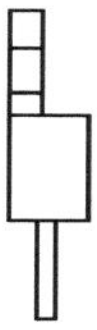	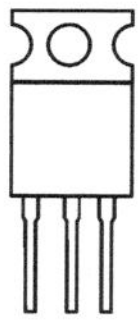	面对管子有标注的一面，散热片为管子背面，管脚向下，从左到右为 b、c、e
金属封装	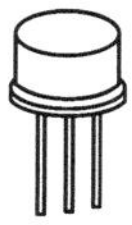	 定位销 b e c	面对管底，管脚向上，由定位标志起，顺时针方向，引脚为 e、b、c
		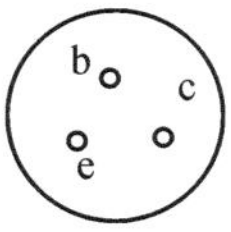 b c e	面对管底，管脚向上，使三个管脚呈等边三角形，顶点向上，顺时针方向，引脚为 e、b、c
		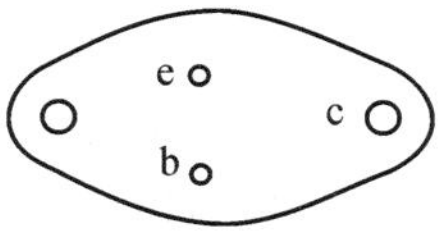 e c b	面对管底，使引脚均位于左侧，下面的引脚是 b，上面的引脚为 e，管壳是 c，管壳上两个安装孔用来固定三极管

② 极性及质量检测。将万用表置于 R×1 k 挡，进行下列测试。

(a) 判定基极 b。

任意假定一个电极是基极 b，用黑(红)表笔与假定的基极 b 相接，红(黑)表笔分别与另外两个电极相接。如果两次测得电阻均很小，则黑(红)表笔所接的就是基极 b，且管子为 NPN(PNP)型。

(b) 判定集电极 c 和发射极 e。

假设剩下的两个管脚其中一个是集电极 c，用手将假设的 c 和已经判断出来的 b 捏起来(注意不要让两个管脚相碰)，将黑(红)表笔接在假设的 c 上，红(黑)表笔接假设的 e，记下此次的读数。然后，将原来假设的 c 和 e 调换，用同样的方法再测量一次。比较两次的读数，小阻值的一次黑(红)表笔所接的管脚是实际的 c，另外一个是实际当中的 e。

注意：这种方法既可以判断三极管的极性，也能检测三极管的质量。

(3) 元件的选用。

根据电流放大倍数、极间反向电流、极限参数、特性频率进行元件的选择。

六、三端集成稳压器

(1) 元件的认识。

① 外形：三端集成稳压器如附图 6－15 所示。

② 特点：集成稳压器具有体积小、外围元件少、性能稳定可靠、调整方便和价廉等优点。

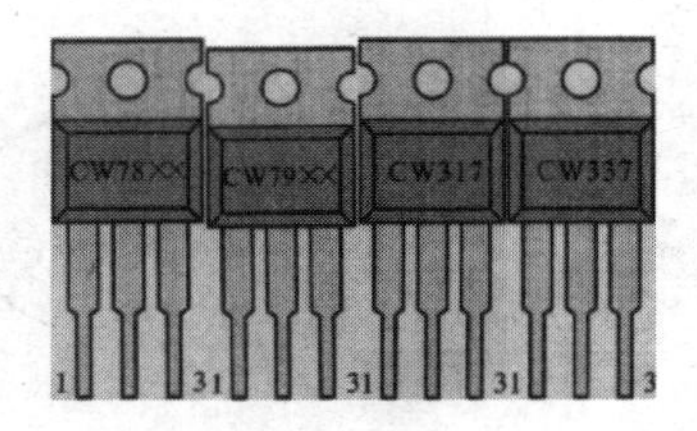

附图 6－15　三端集成稳压器

(2) 元件的检测。

① 引脚识别：三端集成稳压器有固定输出式和可调式。

固定输出式三端稳压器有三个接线端，即输入端、输出端及公共端。

CW78 系列是正电压输出。1 脚为输入端，2 脚为公共端，3 脚为输出端，输入电压接 1、2 端，3、2 端输出稳定电压。

CW79 系列是负电压输出。外形与 CW78 系列相同，1 脚为公共端，2 脚为输入端，3 脚为输出端。输出电压值由型号中的后两位表示。

可调式三端稳压器不仅输出电压可调，且稳压性能优于固定输出式。

CW117/CW217/CW317 系列是正电压输出。1 脚为公共端，2 脚为输出端，3 脚为输入端，输出电压在 1.2～37 V 范围内连续可调。输入电压接 3 脚，2 脚输出稳定电压。

CW137/CW237/CW337系列是负电压输出，1脚为公共端，2脚为输入端，3脚为输出端。

② 质量检测。如附图6－16所示，选用万用表R×1 k挡，红表笔接CW7806的散热板(带小圆孔的金属片)，黑表笔分别接另外3个脚，测得的电阻值分别为20 kΩ、0 Ω、8 kΩ。由此判断出：1脚阻值为20 kΩ)，输入端(阻值最大的)；2脚阻值为0 Ω，公共端(接机壳)；3脚阻值为8 kΩ，输出端。

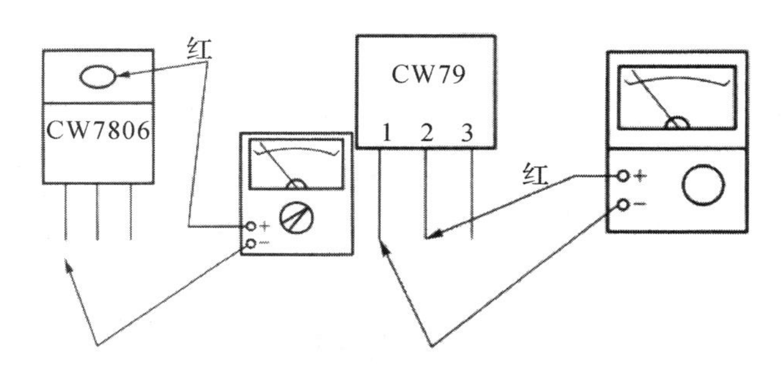

附图6－16 集成稳压器质量检测示意图

七、555集成电路

(1) 元件的认识。

① 文字符号：NE555。

② 外形：555集成电路外形及管脚如附图6－17所示。

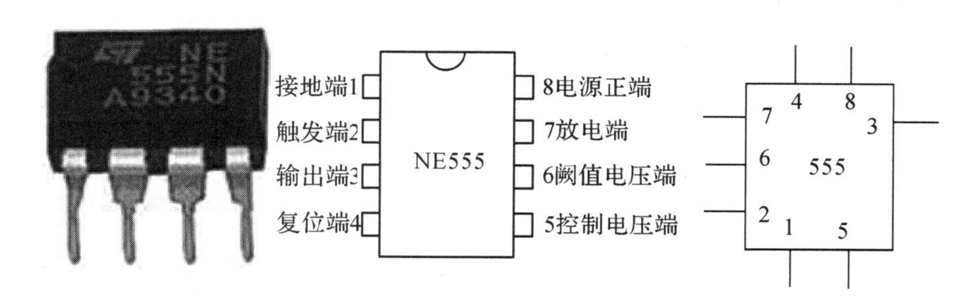

附图6－17 555集成电路外形及管脚图

③ 特点：该中规模集成电路，定时精度高，可将模拟功能与逻辑功能融为一体；功能强、使用灵活、适用范围宽，负载能力强。

④ 作用：只需外接少量电阻电容元件，就可以组成各种不同用途的脉冲电路；可以用作脉冲波的产生和整形，也可用于定时或延时控制，还广泛地用于各种自动控制电路中；可直接驱动小电机、扬声器、继电器等负载。

(2) 元件的检测。

NE555集成电路表面缺口朝左，逆时针方向依次为1脚～8脚：1脚为接地端；2脚为触发端或称置位端；3脚为输出端，即电路连接负载端；4脚为复位端；5脚为控制电压端；6脚为阈值电压端；7脚为放电端；8脚为电源正端。

八、晶体振荡器

(1) 元件的认识。

利用石英晶体(二氧化硅的结晶体)的压电效应制成的一种谐振器件，叫晶体振荡器或石英晶体或晶体、晶振。

① 文字符号：X。

② 产品外形：晶振如附图 6－18 所示。

③ 应用。

(a) 石英钟走时准、耗电省、经久耐用，可用于时钟信号发生器。

(b) 采用 500 kHz 或 503 kHz 的晶体振荡器作为电视、场电路的振荡源。

(c) 可应用于通信网络、无线数据传输、高速数字数据传输等。

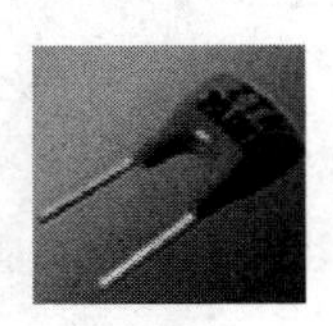

附图 6－18

(2) 元件的检测。

① 极性识别：没有极性。

② 质量检测：对于晶振的检测，通常仅能用示波器(需要通过电路板给予加电)或频率计实现。万用表或其他测试仪等是无法测量的。如果没有条件或没有办法判断其好坏，那么只能采用代换法了，这也是行之有效的。

九、开关

1. 拨动开关

(1) 元件的认识。

① 文字及外形符号：S，外形图如附图 6－19 所示。

② 作用：通过拨动开关柄使电路接通或断开，从而达到切换电路的目的。

附图 6－19

③ 分类：单极双位、单极三位、双极双位、双极三位等。

④ 应用：用于低压电路，数码产品、通信产品、安防产品、电子玩具、健身器材。

⑤ 特点：滑块动作灵活、性能稳定可靠。

(2) 元件的检测。

① 极性识别：无极性。

② 质量检测：选用万用表 R×1 Ω 挡，测量开关的中间及边上任意一个管脚。当开关柄连接所测的两个管脚时，阻值为 0；当开关柄拨到另外一边时，阻值为∞；同样的方法测量另外一个管脚和中间的管脚。

2. 按键开关

(1) 元件的认识。

① 文字及外形符号：K，图形符号及外形如附图 6－20 所示，有标志的两端表示当按键按下时该两个管脚接通。

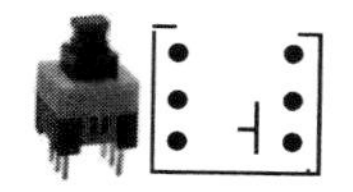

附图 6－20

② 特点：带自锁的开关。

(2) 元件的检测。

① 极性识别：无极性。

② 质量检测：管脚朝上的俯视图如附图 6－21 所示，使用万用表的 R×1 Ω 挡进行检测。

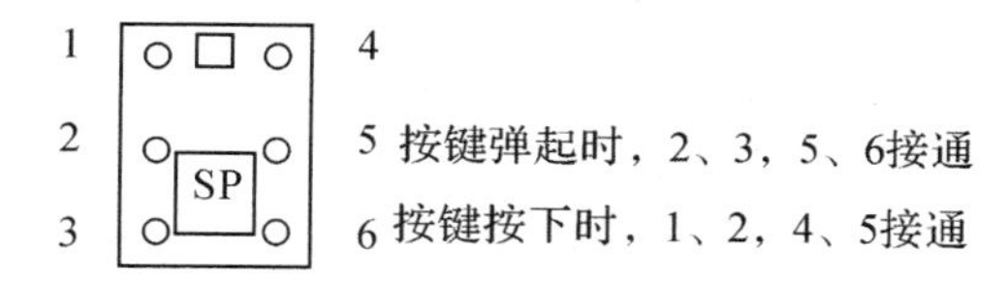

附图 6－21　按键开关产品俯视图

3. 轻触开关

(1) 元件的认识。

① 文字符号：SB。

② 产品外形图：轻触开关如附图 6－22 所示。

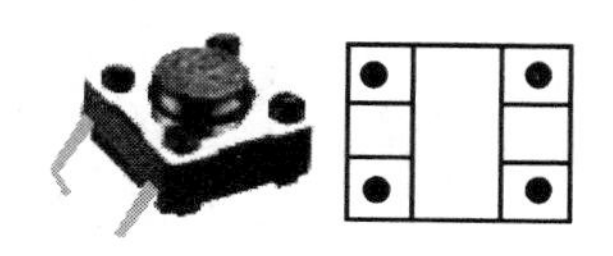

附图 6－22　轻触开关产品俯视图

③ 特点：不带自锁的开关。

(2) 元件的检测。

① 极性识别：无极性。

② 质量检测：选用万用表 R×1 Ω 挡进行检测。竖线连通的两点为动断触点，横排两个为动合触点。

十、扬声器

(1) 元件的认识。

① 文字及图形符号：BL，图形符号如附图 6-23 所示。

② 外形图：扬声器外形图如附图 6-24 所示。

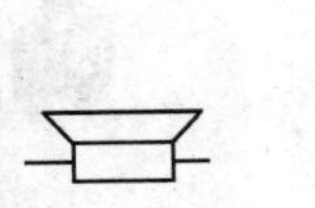

附图 6-23

附图 6-24　扬声器外形图

③ 作用：放大声音。

(2) 元件的检测。

① 极性识别：音圈引出线的接线端上直接标有“+”、“-”极性。

② 质量检测：将万用表置 R×1 Ω 挡，当两根表笔分别接触扬声器音圈引出线的两个接线端时，能听到明显的“咯咯”声响，表明音圈正常；声音越响，扬声器的灵敏度越高。

(3) 产品的选用。

制作时，较常用的是 0.25～2 W、8 Ω 的纸盆中低音扬声器和高响度报警用高音扬声器。选用时，应考虑扬声器的额定阻抗(应与电路的输出阻抗相等)、额定功率(应大于电路功放输出功率的 1.2 倍)和工作频率范围，以及扬声器的价格等。

十一、蜂鸣器

(1) 元件的认识。

① 文字及图形符号：HAH，图形符号如附图 6-25 所示。

② 外形图：蜂鸣器外形图如附图 6-26 所示。

附图 6-25

附图 6-26　蜂鸣器外形图

③ 作用：蜂鸣器是一种小型化的电子讯响器，通上额定的直流电时，它就会发出特定的响声，在仪器仪表、家用电器、电子玩具、报警器等领域作音频提示之用。

④ 特点：体积小、重量轻、能耗低、结构牢固、安装方便、经济实用、灵敏度高，但频响范围较窄、低频响应较差，不宜当做扬声器使用。

(2) 元件的检测。

① 极性识别：长脚正，短脚负；管体上有标注。

② 质量检测：把一节干电池串连接蜂鸣器，正、负极不能接反，否则不会发声音。电压大小也会影响蜂鸣器声音的大小，如果干电池电压低的话，就只有沙沙的声音。

(3) 元件的选用。

根据驱动电路进行选择。

附录7　理论课程实验教学安排表

第一学期(秋季)实验教学安排表如附表7-1所示，第二学期(春季)实验教学安排表如附表7-2所示。

附表7-1　第一学期(秋季)实验教学安排表

序号	课程名称	实验题目	学时	实验属性
1	电工与电子技术基础(Ⅱ)	基尔霍夫定律及叠加原理实验	2	验证性
2		日光灯电路及功率因数的提高	2	验证性
3		三相交流电路电压、电流的测量	2	验证性
4		单管电压放大电路	2	验证性
5		集成运算放大器	2	验证性
6		组合逻辑电路	2	综合性
7		计数器设计与应用	2	综合性
1	电工与电子技术基础Ⅰ(一)(上)	基尔霍夫定律及叠加原理实验	2	验证性
2		*RC*一阶电路的响应测试	2	验证性
3		日光灯电路及功率因数的提高	2	验证性
4		三相交流电路电压、电流的测量	2	验证性
1	电路分析基础	电路元件伏安特性的测定	2	验证性
2		基尔霍夫定律及叠加原理实验	2	验证性
3		电源的等效变换	2	验证性
4		戴维南定理及诺顿定理	2	验证性
5		*R*、*L*、*C*元件阻抗特性的测定	2	验证性
6		*RC*一阶电路的响应测试	2	验证性
7		日光灯电路及功率因数的提高	2	验证性
8		三相交流电路	2	验证性
9		三相电路功率的测量	2	验证性
10		*RLC*串联谐振电路的研究	2	设计性
1	电路与模拟电子技术	基尔霍夫定律及叠加原理实验	2	验证性
2		三相交流电路电压、电流的测定	2	验证性
3		单级共射放大电路	2	验证性
4		多级放大电路与负反馈电路	2	验证性
5		基本集成运算电路	2	验证性
6		比较器与三角波发生器	2	验证性
7		直流稳压电源	2	综合性

续表

序号	课 程 名 称	实 验 题 目	学时	实验属性
1	数字电子技术基础	门电路参数功能测试	2	验证性
2		常用组合逻辑电路的应用	4	设计性
3		触发器	2	验证性
4		任意进制计数器的设计	4	综合性
5		555 定时器及其应用	2	设计性
1	数字电子技术	门电路参数与功能测试	2	验证性
2		常用组合逻辑电路应用	2	验证性
3		触发器	2	验证性
4		计数器设计与应用	2	设计性
1	模拟电子技术	单级共射放大电路	2	验证性
2		基本集成运算电路	2	验证性
3		负反馈放大电路	2	验证性
4		比较器与三角波产生电路	2	验证性
1	电工与电子技术基础(Ⅲ)	基尔霍夫定律及叠加定理实验	2	验证性
2		集成运算放大电路	2	验证性
3		组合逻辑电路	2	综合性
4		计数器设计与应用	2	设计性
1	电子电路 2	QuartusⅡ软件的使用	2	演示性
2		1 位全加器原理图输入设计	2	设计性
3		多加法器的设计	2	设计性
4		计数器设计与应用	2	设计性
5		分频器设计	2	设计性
6		十字路口交通灯的控制	6	设计性
7		RC 一阶电路的响应测试	2	综合性
8		R、L、C 元件阻抗特性的测定	2	综合性
9		正弦稳态交流电路的研究	2	综合性
10		三相交流电路电压、电流的测量	2	综合性

附表7－2　第二学期(春季)实验教学安排表

序号	课 程 名 称	实 验 题 目	学时	实验属性
1	数字电子技术基础	门电路参数与功能测试	2	验证性
2		加法器、译码显示电路实验	2	设计性
3		触发器	2	设计性
4		移位寄存器	2	验证性
5		集成计数器设计及应用	4	设计性
6		555定时器及其应用	2	设计性
1	数字电子技术	门电路参数与功能测试	2	验证性
2		常用组合逻辑电路应用	2	验证性
3		触发器	2	验证性
4		计数器设计与应用	2	验证性
1	模拟电子技术	单级共射放大电路	2	验证性
2		多级负反馈放大电路	2	验证性
3		基本集成运算电路	2	验证性
4		比较器与三角波发生器	2	验证性
1	电路与模拟电子技术	基尔霍夫定律及叠加定理实验	2	验证性
2		戴维南定理	2	验证性
3		正弦稳态交流电路相量研究	2	验证性
4		基本共射极放大电路	2	验证性
5		负反馈多级放大电路	2	验证性
6		运算放大器的基本运算电路	2	验证性
7		比较器与三角波发生器	2	综合性